BIOLOGIE UND PHILOSOPHIE

VON

MAX HARTMANN

BERLIN
VERLAG VON JULIUS SPRINGER
1925

ÖFFENTLICHER VORTRAG, GEHALTEN
IN DER KAISER WILHELM=GESELLSCHAFT
ZUR FÖRDERUNG DER WISSENSCHAFTEN,
BERLIN, AM 17. DEZEMBER 1924

ISBN-13: 978-3-642-89803-7   e-ISBN-13: 978-3-642-91660-
DOI: 10.1007/ 978-3-642-91660-1

MEINER LIEBEN FRAU

ZUGEEIGNET

Inhaltsverzeichnis.

Die philosophischen Bestrebungen der Gegenwart sind vielfach durchsetzt, ja geradezu beherrscht von biologischen Gedankengängen. Die am Materialismus der vergangenen Jahrzehnte übersättigte, enttäuschte Menschheit wandte sich in großem Maße nicht nur von diesem, sondern auch zugleich von der ganzen strengen Gesetzeswissenschaft ab und hoffte am sprudelnden Quell des Lebens und der Wissenschaft vom Leben Erlösung und Befriedigung zu finden. Diese heutige Geisteshaltung spiegelt sich auch in der zeitgenössischen Philosophie wider, ja sie ist wohl von ihr vorbereitet worden. Die biologischen Strömungen in der Philosophie sind so verbreitet, daß der Heidelberger Philosoph RICKERT mit Recht geradezu von einer biologischen Modeströmung der neueren Philosophie spricht.

So aktuell diese biologistische Einstellung, diese „Lebensphilosophie", heute ist, so wollen wir doch hier von ihr nicht ausgehen. Ja, wir wollen hier überhaupt keine Philosophie im Sinne einer Weltanschauung, keine Metaphysik treiben, sondern uns mit einer bescheideneren Aufgabe begnügen, nämlich im Geiste KANTS, im Sinn der kritischen Methode zunächst die eigentlichen Wissenschaftsgrundlagen der Biologie einer Untersuchung unterziehen und die methodologischen und erkenntnistheoretischen Probleme behandeln, die uns in der Biologie als Wissenschaft entgegentreten.

In der letzten seiner drei großen Kritiken, der „Kritik der Urteilskraft", hat KANT bekanntlich zuerst in der Geschichte der Wissenschaft auch in eingehender Weise die philosophischen Grundlagen der Biologie sowie zugleich die

Bedeutung der Biologie für das Ganze seiner Philosophie und für die Philosophie überhaupt dargelegt. Diese Kantischen Fragen stehen noch jetzt im Mittelpunkte des biologisch-philosophischen Interesses, und sie sollen auch heute im Mittelpunkte unserer Ausführungen stehen. Es kann dabei natürlich nicht unsere Aufgabe sein, die hier vorliegenden Probleme in ihrer ganzen Tiefe und Weite abzuhandeln, wir müssen uns vielmehr damit begnügen, die brennendsten Fragen herauszugreifen und prinzipiell zu untersuchen, inwieweit auf sie eine Antwort heute gegeben werden kann, und ob und wieweit überhaupt Entscheidungen getroffen werden können.

Es sind vor allem drei Problemkomplexe, die sich von der Biologie her der philosophischen Betrachtung aufdrängen. Die erste Frage ist die, ob in der Natur alles Geschehen rein kausal bedingt ist, ob dem Kausalitätsgesetz allgemeine und alleinige Geltung auch für die Erscheinungen der organischen Welt zukommt, oder ob bei ihnen das Ganze einen irgendwie bedingenden Einfluß auf die Gestaltung der Teile des Systems ausübt, der nicht aus der Summe der einzelnen kausalen Vorgänge kausal resultiert. Mit anderen Worten, ob dem Ziel (Telos), dem Zweck des Ganzen eine konstitutive Bedeutung neben den „Ursachen" zukommt, das Problem der Zweckmäßigkeit in weiterem Sinne.

Aufs engste verwandt mit diesem Problem ist die zweite viel diskutierte Frage, ob — wie im Anorganischen— auch im Reich des Organischen die physikalisch-chemischen Gesetzmäßigkeiten zur Erklärung genügen, ob auch hier durchweg das Geschehen durch den Mechanismus in weitestem Sinne bedingt ist, oder ob dafür besondere vitale Kräfte unbedingt angenommen werden müssen, die Mechanismus-Vitalismus-Frage.

Und als drittes Problem kommt hinzu die Leib - Seele -

Frage, die Frage nach dem Verhältnis des Physischen zum Psychischen und umgekehrt.

Die drei Fragen sind zwar aufs engste miteinander verknüpft, so eng, daß gewöhnlich angenommen wird, daß die Beantwortung der einen zugleich die Beantwortung der beiden anderen einschließe. Immerhin läßt sich zeigen, daß die Verknüpfung doch nicht ohne weiteres eine so unbedingte ist.

Die Behandlung dieser drei Probleme wird uns zum Schluß auch die Möglichkeit geben, kritisch Stellung zu nehmen zu den eingangs erwähnten biologischen Modeströmungen der Philosophie unserer Zeit, und zu einer Entscheidung zu kommen, ob und wieweit es mit den auseinandergesetzten wissenschaftlichen Grundlagen der Biologie vereinbar ist, allgemeine philosophische Standpunkte erkenntnistheoretischer wie metaphysischer Art auf biologische Prinzipien zu gründen, ob es angängig ist, biologische Prinzipien, Ergebnisse der Biologie als Einzelwissenschaft heranzuziehen zur Begründung allgemein-philosophischer Standpunkte, wie das in der neueren Philosophie so vielfach geschieht.

I.

Ehe wir an die Besprechung der drei Probleme herangehen, müssen wir noch einige kurze Bemerkungen über die erkenntnistheoretischen und methodologischen Grundlagen naturwissenschaftlicher Erkenntnis überhaupt vorausschicken. Alle Naturwissenschaft gründet sich auf Erfahrung[1]). Die Erfahrung aber geht aus von den durch

---

[1]) Wir vertreten hier hinsichtlich der Theorie der Erfahrung den Kantischen Standpunkt. Bezüglich der näheren Begründung dieses Standpunktes, besonders in Rücksicht auf die neuere Naturforschung, sei auf die gerade für den Naturforscher lesenswerten Ausführungen von BRUNO BAUCH: Studien zur Philosophie der exakten Wissenschaften, Heidelberg 1911, hingewiesen.

die sog. Dinge und Erscheinungen in unserem Bewußtsein
ausgelösten Empfindungen. Was ich von den Dingen
unmittelbar weiß, sind nur die Empfindungen. Ein Stück
Kreide ist für mich nur ein bestimmter Komplex von bestimmten Empfindungen, wie schwer, hart, kalt, weiß usw.
Empfindungen allein vermögen jedoch noch keine Erfahrung
zu vermitteln. Sie wird erst ermöglicht, indem das Denken
zu dem Erfahrungsstoff die Form liefert durch die uns
a priori gegebenen Kategorien.

Als Kategorien bezeichnet man die in unserem Denken
vor aller Erfahrung, a priori, vorliegenden Begriffsformen,
die alle Erfahrung überhaupt erst ermöglichen. Solche
Kategorien sind die Formen der Anschauung, Raum
und Zeit, und die des Denkens, wie Einheit, Allheit, Viel-
heit, Substanz, Kausalität usw. Selbst wenn man von aller
standpunktlich-philosophischen Auffassung absieht, muß
anerkannt werden, daß die Kategorien für unser Bewußtsein
ohne weiteres evident sind. Ohne weitere Begründung sind
wir der Überzeugung, daß ihre Anwendung zu Recht
geschieht, ihre Gültigkeit ist uns gewiß. Ob und wie diese
Evidenz weiterhin noch psychologisch oder philosophisch
verständlich gemacht werden kann, ist für die Erkenntnis
und Erfahrung als solche ganz gleichgültig. Nur die logische
Geltung der Kategorien steht hier in Frage. Die Kategorien bedingen alle Erfahrung und sind in ihr enthalten.
Sie können nicht, wie die landläufige Meinung glaubt, aus
der Erfahrung durch Abstraktion abgeleitet werden, sie
müssen vielmehr vor aller Erfahrung in unserem Bewußtsein
vorhanden sein, um überhaupt erst Erfahrung zu ermöglichen. Schon die einfachste Aussage über einfachste Emp-
findungsinhalte unseres Bewußtseins setzt die logische
Geltung kategorialer Prinzipien voraus. Durch Anschlagen

einer Saite werde die Empfindung eines Tones von bestimmter mittlerer Höhe (sagen wir c Normallage) in meinem
Bewußtsein hervorgerufen. Schon indem ich die Empfindung dieses Tones feststelle, setze ich eine Reihe von Kategorien voraus; ich setze voraus, daß ein Etwas mich affiziert
hat, Kategorie der Substanz und Kausalität, daß diese Empfindung von anderen Empfindungen derselben Art quantitativ, von anderen Empfindungen qualitativ unterscheid-
bar ist (Kategorie der Quantität und Qualität) usw. Die
Kategorien sind „Gedanken, die gelten, ob sie gedacht werden oder nicht"[1]).

Außer Raum und Zeit, den Kategorien der Anschauung,
sind es vor allem die Kategorien der Substanz oder
der Beharrung und der Kausalität, die die Natur-
erfahrung und Naturerkenntnis konstituieren. „In der
Natur ist alles Vorgang, Geschehen." All diesem Geschehen
liegt aber kategoriell ein Beharrendes zugrunde, was das
philosophische Denken eben als Kategorie der Substanz
bezeichnet. Substanz ist dabei nicht identisch mit Materie,
vielmehr faßt gerade die heutige Physik dieses Beharrende
nicht als Masse, sondern als Energie auf, und das Prinzip
findet in der Physik seinen Ausdruck als kategoriales[2]) Grund-
gesetz der Erhaltung der Energie. Darin ist allerdings schon
das Verhalten beim Wechsel der Energie und damit zugleich
die zweite Kategorie enthalten, die Kategorie der Kau-

---

[1]) BAUCH: Ebenda S. 105.

[2]) Das Gesetz von der Erhaltung der Energie wird von Physikern
vielfach als ein rein empirisches Gesetz aufgefaßt. Demgegenüber
haben Philosophen wie A. RIEHL, B. BAUCH u. a. mit Nachdruck
auf den kategorialen Charakter desselben hingewiesen, wie dies auch
schon sein Entdecker ROB. MAYER betont hat. Der erste Wärmesatz
ist ein empirisches Spezialgesetz dieses allgemeinen Einheitsprinzips.
A. RIEHL: Robert Mayers Entdeckung des Energieprinzips, Sigwart-
Festschrift, S. 161 f.

salität[1]). Sie besorgt den funktionalen Zusammenhang zwischen den Veränderungen, die sich an der Substanz abspielen. Jede Veränderung ist bedingt durch eine vorausgehende Ursache. „Es kann in B nichts anderes vor sich gehen, als was in A angelegt ist." „Jede Verschiebung in A bedeutet zugleich eine Verschiebung in B, ohne daß die erstere der letzteren ohne weiteres gleichzustellen wäre[2])." Auf dieser durchgängigen Abhängigkeit beruht alle Notwendigkeit des Naturgeschehens. Naturwissenschaft strebt danach, die Gesetzesnotwendigkeit zu erkennen, in „allgemeinen Gattungsbegriffen" (HELMHOLTZ) die Naturgesetze als die Bedingungen für Einzelnes aufzuweisen, das ganze Naturgeschehen letzten Endes auf den absolut notwendigen kausalen Gesetzeszusammenhang zurückzuführen. Dieser notwendige Gesetzeszusammenhang hat funktionalen Charakter.

„Natur ist nichts anderes als der unendliche Komplex von Kausalreihen[3])", und der Naturforscher sucht die einzelnen Kausalreihen von der Wirkung auf die voraus-

---

[1]) Die hier vertretene Auffassung der Kausalität und Naturgesetzlichkeit deckt sich weitgehend mit der von BRUNO BAUCH: Das Naturgesetz, Teubner 1924, sowie der von NICOLAI HARTMANN: Philosophische Grundfragen der Biologie, Göttingen 1912, und Grundzüge einer Metaphysik der Erkenntnis, Berlin 1921; auch Naturforscher wie PLANCK: Kausalität und Willensfreiheit, Berlin 1923, und JOH. VON KRIES: Immanuel Kant und seine Bedeutung für die Naturforschung der Gegenwart, Berlin 1924, vertreten im Prinzip einen ähnlichen Standpunkt. Der des letzteren unterscheidet sich von dem unsrigen nur durch eine etwas weniger strenge Auffassung des Apriorismus der Kausalität, die er nicht für ein Axiom, sondern nur für die Voraussetzung der Naturforschung halten will. In der starken Betonung des funktionalen Charakters der Kausalität stimmen diese Denker und Forscher alle überein.

[2]) HARTMANN, NICOLAI: Philosophische Grundfragen. S. 15.

[3]) HARTMANN, NICOLAI: Philosophische Grundfragen. S. 16.

gehende Ursache und von dieser immer weiter auf andere
Ursachen zurückzuführen und somit die ganze Kausalkette
zu analysieren. Die „Ursache" darf hierbei nicht in anthro-
pormophistischer Weise (wenn sie auch noch so verkappt
auftritt) als ein dinglich oder ein energetisch Wirkendes,
mag man es nun als Kraft oder sonstwie bezeichnen, hy-
postasiert werden. Eine solche Auffassung würde mehr
behaupten als sich beweisen läßt. Der Begriff Ursache
soll nur mit VON KRIES[1]) das besagen, „daß durch das in
jedem Zeitpunkt gegebene Verhalten, das sich anschließende
Geschehen eindeutig bestimmt ist", oder wie PLANCK das
mit andern Worten, aber im gleichen Sinne ausdrückt, daß
„ein gesetzlicher Zusammenhang im zeitlichen Ablauf der
Ereignisse besteht[2])".

Die einzelnen Kausalreihen, die das wissenschaftliche
Denken analysiert, laufen nun aber nicht in der Zeit parallel
nebeneinander her. Vielmehr sind sie alle wechselseitig
ebenfalls durch den Kausalitätsbegriff miteinander verknüpft, und „es gibt kein Einzelgeschehen, das nicht näher
oder ferner durch alles frühere und gleichzeitige Geschehen
bedingt ist[3])". „Naturgegenstand ist eben nichts anderes
als ein System von Wirkungen", und das „System"
bedeutet „die Einheit des Zusammenwirkens innerhalb des
komplizierten durch mannigfaltige Gesetzmäßigkeiten gleich-
zeitig bestimmten Geschehens[4])". Die Naturgegenstände
sind keine festen, statischen Gebilde, sondern nur „relativ
konstante, dynamische Gebilde", ein System von relativ
im Gleichgewicht stehenden, in durchgängiger Wechselwirkung verbundenen Kraftsystemen. Je komplexer ein

---

[1]) VON KRIES: S. 77.   [2]) PLANCK: S. 12.
[3]) HARTMANN, NICOLAI: Philosophische Grundfragen. S. 16.
[4]) HARTMANN, NICOLAI: Philosophische Grundfragen. S. 17.

solcher Naturkörper ist, um so mehr sind in ihm wiederum Systemordnungen niederer Art in wechselseitiger Zusammenwirkung eingeschlossen, und die Außenkräfte der niederen Systeme sind zugleich dann die Innenkräfte der höheren. Dieses Ineinanderstecken verschiedenartiger Systeme und Systemkomplexe ist für das Naturbegreifen von allergrößter Bedeutung.

Das direkte Erkennen der Einzelursachen ist für die Forschung ja in den meisten Fällen unmöglich, und die kausale Forschung ist daher gezwungen, das Geschehen immer zunächst nur auf solche mehr oder minder komplexe Systeme und Systemkomplexe zurückzuführen und die tieferliegenden inneren Systeme indirekt zu erschließen. Die Ermittlung der spezifischen Gesetze der Komplizierung ist für die Naturforschung daher nicht minder bedeutungsvoll als die Erforschung der letzten elementaren Bedingtheiten. Die idiographischen Naturwissenschaften, d. h. jene Naturwissenschaften, die sich wie Chemie, Krystallographie, Mineralogie, Biologie mit den besonderen individualisierten Naturkörpern befassen, haben vor allem die Aufgabe, diese spezifischen Gesetze der Komplizierung zu erforschen und zu erkennen. Die Gesetze der Krystallographie, Mineralogie, Petrographie, Geologie und Biologie sind daher nicht einfach physikalisch-chemische Gesetze (die natürlich unbedingt in ihnen ihre Geltung besitzen und sie konstituieren), sondern spezifische Gesetze der Komplizierung, sei es analysierter (physikalisch-chemischer) oder unanalysierter in sich noch komplexer, aber einfacherer Systeme. Aber auch in der Physik, die als reine Gesetzeswissenschaft allen idiographischen zugrunde liegt und sie bedingt, spielen neben den allgemeinen Gesetzen auch die spezifischen Gesetze der Komplizierung eine Rolle.

Die totale Erkenntnis der gesamten kausalen Zusammenhänge eines Systems ist selbstverständlich für die Wissenschaft praktisch nicht möglich. Bei dem durchgehenden Kausalnexus, der jedes Glied mit der ganzen Natur verbindet, hieße das ja die Gesamtnatur verstehen. Und so wird die kausale Erkenntnis bei keinem System, auf keinem Felde je zu Ende kommen. Es wird immer ein unerkannter Rest auch von dem Erkennbaren bleiben. Aber die Möglichkeit einer totalen Erkenntnis des rationalen Teiles des Seins, die Voraussetzung eines totalen „Alles" umfassenden Kausalzusammenhanges, die Voraussetzung der „Begreiflichkeit der Natur" (HELMHOLTZ) ist eben die Voraussetzung der Naturforschung überhaupt, und die Aufdeckung des totalen „kausalen" Gesetzeszusammenhanges ist das unerreichbare Ziel, dem sie nachstrebt; es ist ihre nie erreichbare, unendliche Aufgabe.

Die Forschung wäre aber gar nicht imstande, diesen durchgehenden Kausalnexus auch nur teilweise aufzudecken und immer weiter aufzulösen, wenn nicht das Denken mit Hilfe des Begriffs vorläufige hypothetische Vorwegnahme der Zusammenhänge, Abbreviaturen der Erkenntnis aufstellen würde, die dann Ansatzpunkte liefern zu weiterem Eindringen in das verschlungene Gewirr der Einzelursachen. Die Lücken in der Kausalerkenntnis hindern nicht die Erkenntnis des übergreifenden Zusammenhanges, vielmehr wird umgekehrt diese Einheit zunächst vorweggenommen durch den wissenschaftlichen Begriff, und erst mit seiner Hilfe ist es der Forschung möglich, in die bisher lückenhaften und dunklen Kausalzusammenhänge tiefer einzudringen. Dazu bedient sie sich zweier Methoden, der generalisierenden oder allgemeinen Induktion und der exakten Induktion oder eigentlichen induktiven Methode, welch letztere GALILEI eingeführt und damit den Siegeszug der modernen Naturwissenschaften ermöglicht hat.

Die reine oder generalisierende Induktion[1]) ist zunächst nur ordnungsschaffend und sagt noch nichts über die Gesetzesnotwendigkeit der von ihr aufgewiesenen Ordnung aus. Sie sucht die Gleichheiten und Ungleichheiten an verschiedenen Gegenständen und Vorgängen herauszustellen und bringt verschiedene ganze Gegenstände oder Teile von ihnen in ein System von allgemeineren Begriffen (z. B. Systematik, vergleichende Anatomie). So führt schon die reine Induktion zu allgemeinen Begriffen, die Ausdruck von gewissen Gesetzmäßigkeiten sind, denen aber meist nur der Wert von mehr oder minder großer Wahrscheinlichkeit, nicht der von bindender Gesetzesnotwendigkeit zukommt. Mit dieser Subsumption unter allgemeine Begriffe kommt schon in die reine Induktion ein deduktives Moment. Sie könnte gar nicht vom Einzelnen zum Allgemeineren fortschreiten, wenn sie nicht schon ein Allgemeines, eine allgemeine innere Gesetzlichkeit voraussetzen würde. Es ist die Voraussetzung des Systemgedankens im Sinne der Marburger Schule des Neukantianismus, die Voraussetzung der „Begreiflichkeit der Natur", wie HELMHOLTZ es ausgedrückt hat. In dieser vorausgesetzten allgemeinen Gesetzlichkeit hat die Induktion ihr Fundament.

Eine strenge Gesetzesnotwendigkeit, eine absolute Gewißheit vermag aber die generalisierende Induktion nicht zu vermitteln. Denn es ist unmöglich, den induktiven Schluß

---

[1]) Näheres über die Unterscheidung der beiden Arten der Induktion findet sich bei BRUNO BAUCH, Philosophie der exakten Naturwissenschaften, sowie ALOIS RIEHL, Logik und Erkenntnistheorie, in dem Band: Systematische Philosophie der „Kultur der Gegenwart". Vgl. hierzu auch CASSIRER, Substanzbegriff und Funktionsbegriff, und die Einleitung meiner „Allgemeinen Biologie", Jena 1925.

durch alle Einzelfälle zu führen, und man kann daher aus ihm nur statistische Regeln von großer Wahrscheinlichkeit ableiten, die den Ausdruck in ihnen verborgen bleibender unbekannter Gesetze oder Komplexe von Gesetzen darstellen. Was der generalisierenden Induktion meist verschlossen ist, das vermittelt die von GALILEI entdeckte exakte Induktion, die eigentlich induktive oder analytische Methode, die mit zwingender logischer Notwendigkeit zu kausaler Erkenntnis führt. Sie setzt die Analyse des einzelnen Falles an die Stelle der Vergleichung der vielen oder sämtlichen Fälle derselben Art. Und die Ermittlung des Gesetzes in dem einen Falle bringt also das Verständnis aller Fälle derselben Art mit sich, und die Verallgemeinerung ist hier die Folge der Erkenntnis, nicht umgekehrt die Erkenntnis eine Folge der Verallgemeinerung. Auch sie stellt den Einzelfall unter ein Allgemeines, ein allgemeines Gesetz. Aber indem sie durch Deduktion aus diesem Gesetz heraus eine oder einige der Voraussetzungen versuchsweise einführt und sie deduktiv in ihre Folgen entwickelt, hat sie die Möglichkeit, durch das Experiment zu prüfen, „ob sie denknotwendige Folgen des abgebildeten Gegenstandes sind". „Eine neue Art von Begriffen", sagt A. RIEHL, „war damit gefunden, die der Gesetzesbegriffe, und der wissenschaftlichen Erkenntnis eine neue Aufgabe gestellt[1]."

Diese beiden Methoden sind die einzigen, die Naturerkenntnis vermitteln. Wenn auch die letztere die tieferschürfende, direkt zur Gesetzesnotwendigkeit führende ist, so kann doch auch die erstere nicht entbehrt werden. Das gilt nicht nur für die Biologie, in der die generalisierende Induktion, hier vergleichende Methode genannt, dominiert,

---

[1] RIEHL, A.: Logik.

bei der die experimentelle Analysis ohne sie ziellos wäre, sondern auch für die Erforschung der anorganischen Welt, ja sogar die Physik. Spielen doch gerade merkwürdigerweise in der neuesten Physik statistische Regeln und Wahrscheinlichkeitsrechnungen wieder eine gewisse Rolle. Beide Methoden enthalten in entscheidenden Punkten des Urteilsgefüges deduktive Momente. Beide aber sind in gleicher Weise logisch gegründet auf die Kategorie der Kausalität (richtiger den Kategorienkomplex der Kausalität) im weitesten Sinne, als der Kategorie, die den funktionalen Zusammenhang der Erscheinungen herstellt und bedingt.

2.

Nach diesen allgemein erkenntnistheoretischen und methodologischen Vorbemerkungen können wir nun das erste große Problem, die Frage der Zweckmäßigkeit, in Angriff nehmen. Daß auch im Organischen die durch die Physik ermittelten Gesetzmäßigkeiten genau so gelten wie im Anorganischen, darüber herrscht heute wohl nirgends mehr Meinungsverschiedenheit. Der Streit dreht sich nur darum, ob diese physikalisch-chemische, oder wie man gewöhnlich in nicht sehr glücklicher Formulierung sagt, mechanistische, allein auf Kausalität gegründete Gesetzmäßigkeit für die Erklärung der Lebensvorgänge im weitesten Sinne genügt, oder ob hier noch ein anderes Prinzip, das Prinzip der Zweckmäßigkeit, hinzukommen muß. Die organischen Körper nämlich erscheinen uns so beschaffen, daß die Einzelteile nur zum Zwecke des Ganzen, die Einzelfunktionen nur zur Funktion des Ganzen eingerichtet sind. Alles erscheint nur zur Erhaltung des Lebens, zur Erhaltung des Ganzen, also zweckmäßig eingerichtet. Und so stehen viele Philosophen und Forscher auch heute noch auf dem Standpunkt, daß

für die Erkenntnis der Organismen und des organischen
Geschehens die Kausalgesetze nicht ausreichen, sondern
daß hier wie beim Bau einer Maschine das Ziel oder Telos,
der Zweck des Ganzen mitbestimmend sei für die Aus-
bildung, die Entstehung der einzelnen Glieder.

Diese Zweckmäßigkeit, diese Ganzheitsbeziehung steht
jedoch nicht im Gegensatz zur Kausalität, und die Erkenntnis der organischen Systeme bedarf keiner anderen Methoden
und Kategorien wie die der anorganischen. Organismen
sind komplexe Systeme, die gerade durch das spezifische
Zusammenwirken der einzelnen Kausalreihen, durch die
Wechselwirkung aller Teilwirkungen ihren Charakter erhalten. Die Systemwirkungen in den Organismen sind
„Zweckmäßigkeitsbeziehungen“. „Er selbst ist als ihre
Systemeinheit ein Zweckmäßigkeitssystem[1].“ Die System-
bedingungen sind erhaltungsgemäß. Das ist aber keineswegs
eine Eigentümlichkeit der biologischen Systeme allein. Vielmehr gilt das gleiche für alle Naturobjekte der ideogra-
phischen Naturwissenschaften. Die Mineralien, die Krystalle,
die chemischen Verbindungen und Elemente, alle diese
Systeme sind von prinzipiell gleichem Charakter. Nur ist
die wechselseitige Verknüpfung der einzelnen Kausalreihen
einfacher, durchsichtiger, leichter analysierbar. Auch hier
kann kein Glied aus dem Ganzen entfernt werden, ohne
die spezifische Eigentümlichkeit und Struktur der betreffenden Systeme zu zerstören. Zweckmäßig ist in diesem
Falle identisch mit erhaltungsgemäß.

Man hat gegen diese Auffassung ins Feld geführt, daß
bei anorganischen Systemen das Ganze nur die Summe
seiner Teile darstellt, während die Summe der Teile noch
keinen Organismus ergebe. Doch verfehlt auch dieser

---

[1] HARTMANN, NICOLAI: Philosophische Grundfragen. S. 89.

Einwand sein Ziel. Auch im Anorganischen gibt es in weiter Verbreitung Systeme, die nicht einfach die Summe der Teile darstellen und Ganzheitscharakter tragen, die erst durch die spezifische Gesetzmäßigkeit des Zusammenwirkens der Glieder ihre Besonderheit erlangen. W. KÖHLER hat in seinem Buche „Physische Gestalten" eine große Anzahl derartiger anorganischer Systeme zusammengestellt, die Ganzheitscharakter tragen, nicht summenhaft sind, „deren charakteristische Eigenschaften und Wirkungen aus artgleichen Eigenschaften und Wirkungen ihrer sog. Teile nicht zusammensetzbar sind". Solche Systeme nennt KÖHLER nach einem Begriff der Psychologie „Gestalten"[1]). Die anorganischen „Gestalten" sind zwar durch und durch kausal bestimmt, also mechanistisch determiniert. Aber trotz des durchgehenden Mechanismus enthalten alle diese Systeme in mehr oder minder starkem Grade, in der scheinbaren Zufälligkeit des spezifischen an sich gesetzmäßigen Zusammenwirkens Momente, Wesenszüge, die irrational[2]) sind, die mit den Kategorien des Denkens nicht erfaßt werden können. Da aber andererseits die einzelnen Kausalreihen und ihre intersystematischen Beziehungen einfacher und leichter zu durchschauen sind, so erkennt das Denken die Möglichkeit der kausalen Aufklärung ohne weiteres an und die Erkenntnis gibt sich mit der kausalen Aufdeckung der Zusammenhänge zufrieden und vernachlässigt den irrationalen Rest, obgleich auch hier das rationale Denken durchaus nicht den ganzen Gegenstand zu erfassen vermag.

---

[1]) KÖHLER, WOLFG.: Die physischen Gestalten in Ruhe und im stationären Zustand. Braunschweig 1920.

[2]) Daß in jedem Gegenstand, in jedem System ein irrationaler, durch das Denken nicht erfaßbarer, unbegreifbarer Teil enthalten ist, hat in neuester Zeit in eindringlicher und überzeugender Weise NIC. HARTMANN in seiner Metaphysik der Erkenntnis (S. 178 ff.) ausgeführt.

So ist die moderne Atomphysik auf dem besten Wege, das erstaunlich komplexe Geschehen, als das sich die einzelnen Atome der neueren Forschung enthüllen, die merkwürdigen mikrokosmischen Planetensysteme rein kausal, rein mechanistisch (das heißt aber nicht mechanisch) zu verstehen. Und doch wird auch hier dem forschenden Menschengeist nicht nur nicht ein unerkannter, aber erkennbarer Rest als ewige Aufgabe bleiben, sondern es wird dem Denken stets auch ein unerkennbarer, jenseits aller Erkenntnis stehender irrationaler Teil an den Atomen zurückbleiben. Ebenso tritt uns der irrationale, der Erkenntnis verschlossene Rest an einem Krystall entgegen. Wenn auch die Physik in vielleicht absehbarer Zeit die Gesetze im Bau eines Oktaeders oder einer sonstigen krystallinischen Kunstform der Natur wird aufklären können, das ganze Wesen und Sein eines Bergkrystalls, eines Edelsteins mit seiner spezifischen Individualität und Qualität werden wir auch dann noch nicht erfaßt haben. Es wäre zwar denkbar, daß nicht nur die Unterschiede verschiedener Edelsteine sondern auch die individuellen Verschiedenheiten (Glanz usw.) verschiedener „Individuen" derselben Edelsteinart analysiert und somit kausal erklärt werden könnten; das innerste Wesen, das eigentlich Besondere, Qualitative bliebe aber auch dann der Erkenntnis verschlossen. Ja jeder Gegenstand, selbst jede einfache chemische Verbindung, zeigt solche irrationalen Wesenszüge. Wenn Wasserstoff und Sauerstoff in bestimmten Verhältnissen zusammentreten, so bildet sich in gesetzmäßiger (kausaler) Weise Wasser. Die funktionalen Zusammenhänge bei diesem Vorgang lassen sich quantitativ völlig verstehen. Und doch sind die Eigenschaften des neu entstandenen chemischen Körpers nicht aus der Summe der Eigenschaften seiner

Komponenten verständlich. Das aus der Verbindung der Teile hervorgegangene höhere System zeigt völlig neue Eigenschaften, die uns ebenso rätselhaft, irrational bleiben, wie die seiner Komponenten. Auch hier wäre es zwar denkbar, daß es einer künftigen Chemie gelingen könnte, die „Eigenschaften" von Verbindungen, auch noch unbekannter, aus der Kenntnis ihrer Teile zu bestimmen und vorherzusagen. Derartige, einer kausalen Analyse zugänglichen „Eigenschaften" dürfen aber nicht mit den irrationalen, der Erkenntnis unzugänglichen, qualitativen Wesenszügen und der metaphysischen Irrationalität des Gegenstandes verwechselt werden.

Und so ist es mit allen besonderen Naturkörpern. Das Besondere, spezifisch Qualitative, das eigentlich Irrationale erfaßt die Naturwissenschaft mit den ihr zur Verfügung stehenden Erkenntnismitteln auch im Anorganischen nicht; es interessiert sie aber auch nicht. Sie ist völlig damit zufrieden, den rationalisierbaren Teil zu erkennen und die kausalen Beziehungen quantitativ festzulegen, so daß sie das Irrationale meist völlig übersieht und vernachlässigt. Und von ihrem Standpunkt darf, ja muß sie das auch tun. Die Naturerkenntnis wäre voll befriedigt, wenn der rationalisierbare Teil der Erscheinungen kausal in seiner ganzen Wechselwirkung aufgedeckt wäre. Der irrationale Rest des Seins liegt außerhalb der Sphäre der Naturwissenschaft. Das drückt sich auch in den Worten von R. MAYER mit größter Deutlichkeit aus, wenn er sagt: „Was Kraft, was Wärme ist, brauchen wir nicht zu wissen, aber das müssen wir wissen, wie man die Kraft oder Arbeit und die Wärme nach unveränderlichen Einheiten zählt, und daß und welche Größenbeziehung zwischen dem Meterkilogramm und der Wärme stattfindet[1]." Der Naturforscher braucht

---

[1] MAYER, ROBERT: Mechanik der Wärme. S. 389. 1867.

sich um den irrationalen Teil nicht weiter zu kümmern, der Erkenntnis- und Wissenschaftstheoretiker darf jedoch an ihm nicht vorübergehen und erst recht nicht der Metaphysiker. Wenn wir somit die Systeme der anorganischen, idiographischen Naturwissenschaften in dieser Hinsicht als völlig übereinstimmend betrachten können mit den Organismen, wenn für sie der Begriff des Zweckmäßigen, des Erhaltungsmäßigen, der Ganzheit ebenso gilt, so läßt sich doch ein Punkt aufzeigen, in dem sich organische von den anorganischen Systemen rein empirisch unterscheiden. Während nämlich die anorganischen in einzelne Teile, in Systemgebilde niederer Ordnung vollkommen zerlegt werden können und jederzeit sich wieder aus diesen aufbauen lassen, tritt uns bei dem Leben die bemerkenswerte Tatsache entgegen, daß hier das System wenigstens in einem Teile sich immer erhält. Das Leben geht trotz aller Prozeßhaftigkeit und Vergänglichkeit, die sich fortgesetzt an ihm abspielt, kontinuierlich weiter. Lebende Systeme entstehen nur aus Lebenssystemen ähnlicher oder gleicher Art. Die Lebewesen sind historische Wesen. Hier scheint eine Zweckmäßigkeit, eine Erhaltungsmäßigkeit tieferer Art vorzuliegen und gerade diese pflegt vielfach von den Teleologen gegen die reine kausale Erklärungsmöglichkeit des Lebens ins Feld geführt zu werden. Doch steht der reinen kausalen Auflösbarkeit auch dieser Erscheinung logisch durchaus nichts im Wege, wenn wir auch die Gesetzmäßigkeiten, die ihr zugrunde liegen, bei weitem noch nicht kennen, ja kaum ahnen. Wie verfehlt es wäre zu prophezeien, daß hier oder auf irgendeinem anderen Gebiet etwas der kausalen Erkenntnis aus logischen Gründen prinzipiell verschlossen sei, möge folgendes Zitat aus einer Schrift über Zweck und Gesetz in der Biologie von KRONER zeigen, der noch zu den

vorsichtigsten, nur bedingten Teleologen gehört: „Nie wird eine chemische Formel", so schrieb er 1913, „sich durch ein mechanisches Gesetz ersetzen lassen, nie der Klassenbegriff der biologischen Systematik durch eine chemische Formel[1])."
Die moderne Atomphysik ist, wie bekannt, auf dem besten Wege, heute schon nach 10 Jahren, chemische Formeln durch mechanische[2]) Gesetze zu ersetzen, und wenn wir auch noch weit davon entfernt sind, den systematischen Klassenbegriff der Biologie auf eine chemische Formel zurückführen zu können, so lassen doch die Erfolge der modernen experimentellen Vererbungslehre bereits heute Wege ahnen, auf denen es vielleicht in absehbarer Zeit möglich sein wird, den Klassenbegriff, wenn auch nicht durch eine chemische Formel, so doch durch materielle, mechanistische Begriffe kausal festzulegen. Die Naturforschung könnte, wenigstens im Prinzip, den durchgehenden kausalen Zusammenhang auch dieser biologischen Phänomene erschließen, wenn sie auch dieses Ziel wahrscheinlich nie ganz erreichen wird. Bestimmt nicht erfassen aber kann sie den irrationalen Rest, der auch nach Erkennung des rationalisierbaren kausalen Teils an den Lebewesen bestehen bleibt, dann aber auch hier vom naturwissenschaftlichen Standpunkt aus nicht mehr interessieren würde.
Noch größeres Gewicht für eine Eigengesetzlichkeit des Zweckmäßigen, für die Nichtzurückführbarkeit auf rein kausales Geschehen, wird von den Teleologen auf die zweckmäßigen oder besser zwecktätigen Bewegungen und Handlungen der Tiere gelegt. In der Tat tritt hier die Zweckmäßigkeit am sichtbarsten zutage, „weil man die Zwecke

---

[1]) KRONER, RICHARD: Zweck und Gesetz in der Biologie. S. 92. Tübingen 1913.

[2]) Mechanische Gesetze natürlich nur im weitesten Sinne als physikalische Gesetze.

unmittelbar sieht". Die Reflexbewegungen der Tiere sind unmittelbar auf das dem Individuum zweckdienliche eingestellt. Und doch erklärt auch hier die Zweckmäßigkeit ebensowenig wie im übrigen organischen Geschehen. Sie ist es vielmehr, die der Erklärung bedarf. Sie zeigt nur, daß hier noch ungeklärte Probleme vorliegen. Auch hier mögen einige Beispiele uns zeigen, wie verfehlt es ist, die Unauflösbarkeit dieser Bewegungen und Handlungen in kausales Geschehen zu postulieren.

Infusionstierchen nehmen durch Bewegungen ihrer Wimpern nicht nur verdauliche Nahrungskörper sondern auch unverdauliche sogar direkt schädliche Stoffe, wie Tusche- und Carminkörnchen, in das Innere ihres Plasmaleibes auf. Nach einiger Zeit wird jedoch diese Aufnahme eingestellt und sie verweigern sie. Man hat diese Fähigkeit als ein Lernen angesprochen und hier primitive psychische zwecktätige Handlungen zu erkennen geglaubt. Nach einiger Zeit verlieren sie aber die „Erinnerung" an die Schädlichkeit des Futters und sie fressen dann wieder die Tuschekörnchen[1]). Die kausale Experimentalforschung hat nun Tatsachen ermittelt, die eine kausale, also rein naturwissenschaftliche Erklärung dieses Lernens und Vergessens ermöglichen. Die Untersuchungen von KOLTZOFF[2]) haben nämlich ergeben, daß die Aufnahme der Fremdkörper (Tusche) von der Konzentration der Wasserstoffionen in der Umgebung abhängt. Überschreitet dieselbe einen gewissen Grenzwert, so sind die Infusorien nicht mehr imstande, Tuschekörnchen aufzunehmen, da wahrscheinlich die Oberflächenbeschaffen-

---

[1]) METALNIKOV, S.: Contributions à l'étude de la digestion intracellulaires chez les Protozoaires. Arch. Zool. éxp. Bd. 9. 1912.

[2]) KOLTZOFF, K. N.: Über die Wirkung von H-Ionen auf die Phagozytose von Carchesium lachmani. Intern. Ztschr. f. phys.-chem. Biologie I. Band, 1. u. 2. Heft. 1914.

heit des Protoplasmas verändert wird. Das Lernen ist hier auf eine mechanische (physikalische) Unmöglichkeit durch eine Veränderung des Plasmas zurückzuführen. Geht die H-Ionen-Konzentration wieder unter den Grenzwert zurück, dann fressen die Infusorien wieder die Tuschekörnchen; das aus Zweckmäßigkeit „Gelernte" haben sie wieder vergessen.

Selbstverständlich können wir noch nicht daran denken, die Bewegungen und Handlungen der komplizierten höheren Tiere mechanistisch zu erklären. Immerhin liegen auch hier genügend Anhaltspunkte zu kausaler Analyse dieser Phänomene vor. Am meisten Aussicht auf Erfolg hat die Kausalforschung natürlich bei niederen wirbellosen Tieren, bei denen die innersystematischen Beziehungen dieser Vorgänge noch einfacher, einer kausalen Forschung leichter zugänglich sind. So ließ sich das komplizierte, zwecktätig erscheinende Liebesspiel der Weinbergschnecken, das der Begattung vorausgeht und in einer Reihe gemeinsam ausgeführter charakteristischer Bewegungsvorgänge besteht, in eine Reihe von Einzelreflexen zerlegen, die auch außerhalb der Begattungszeit am einzelnen Tier durch verschiedene Berührungsreize künstlich, einzeln sowohl wie in ihrem ganzen charakteristischen Zusammenhang durch Kombinierung der Reize hervorgerufen werden können (SZYMANSKI)[1].

Noch instruktiver ist vielleicht die physiologische Aufklärung des so merkwürdigen Mitteilungsvermögens der Bienen bei der Auffindung neuer reicher Trachtplätze, die VON FRISCH[2]) durch seine gründlichen Experimente ge-

---

[1]) SZYMANSKI, J. S.: Ein Versuch, die für das Liebesspiel bei der Weinbergschnecke charakteristischen Körperstellungen und Bewegungen künstlich hervorzurufen. Pflügers Archiv für Physiologie Bd. 149. 1913.

[2]) VON FRISCH, K.: Die Sprache der Bienen. Jena 1923. Kurze, populäre Darstellung in dem Vortrage: Sinnesphysiologie und „Sprache" der Bienen. Berlin: Julius Springer 1924.

lungen ist. Wenn herumschwärmende Bienen eines Stockes reichlich honigspendende Blüten aufgefunden haben, fliegen sie in den Stock zurück, benachrichtigen die Stockgenossen und letztere eilen nun in großer Menge zu der neuen Trachtquelle, um den Honig einzuheimsen. Diese zwecktätigen, an menschliche Verhältnisse erinnernden Handlungen sind jedoch nur das Resultat einer Reihe von einzelnen Reflex- und Instinkthandlungen, die zwar an sich durchaus rätselhaft und unaufgeklärt sind, aber jede einzelne für sich durchaus nicht ein so geschlossenes zwecktätiges Bild aufweisen. Die Benachrichtigung über die Trachtplätze und das Auffinden derselben vollzieht sich nämlich in folgender Weise. Die mit Nektar beladenen von einer neuen Trachtquelle kommenden Bienen führen im Stock sog. Werbetänze auf, durch die sie ihre Stockgenossen in Erregung bringen. Die Stockgenossen werden nun nicht etwa, wie man früher geglaubt hat, von den Ankömmlingen zu der neuen Trachtquelle hingeführt — sie schwärmen vielmehr erregt durch die Werbetänze nach allen Seiten aus und suchen allerorten im weiten Umkreis. Die tanzenden Bienen haben aber zugleich mit dem Werbetanz den Duft der beflogenen Blumen den Stockgenossen übermittelt, die letztere nun aufsuchen. Das Auffinden des Futterplatzes wird den ausschwärmenden Neulingen noch dadurch erleichtert, daß die sammelnden Tiere die Umgebung des Platzes auch noch mit dem Geruch ihres Duftorganes schwängern.

Die ganze psychisch-zweckmäßige Ausdrucksweise ist eben nur die Schilderung der betreffenden Naturvorgänge in einer anderen Sprache, einer Sprache, die zwar als Ausgang und Ansatz der biologischen Forschung ihre volle Berechtigung hat, die aber in weiterem Verfolg der Kausalforschung eliminiert werden muß und eliminiert wird. Es

sind Fremdkörper in der naturwissenschaftlichen Begriffs-
bildung. In der Physik ist das für alle ohne weiteres ein-
leuchtend. Hier sind die Zweckbegriffe zum größten Teile
bereits eliminiert. Und doch finden sich solche auch in der
modernsten Physik (z. B. im sog. „Prinzip der schnellsten
Ankunft" in der Optik und den sog. „virtuellen Bewegungen"). Sie sind vorderhand auch hier noch unentbehrlich,
ohne daß jemand auf den Gedanken käme, diesen Zweck-
begriffen irgendwelche konstitutive Bedeutung zuzuschreiben
und sie nicht nur für kurze provisorische Bezeichnungen
noch nicht genügend scharf formulierbarer kausaler Zusammenhänge anzusehen. Auf das weitere Verhältnis
zwischen psychischen und physischen Vorgängen werden
wir bei der Besprechung des dritten Problems noch zurück-
zukommen haben.

Wir wollen hier nicht weiter auf die vielen sog. zweckmäßigen Anpassungen im Reich des Organischen eingehen,
die von den Teleologen speziell der psychovitalistischen und
psycho-lamarckistischen Schule immer wieder als zweckmäßiges Geschehen angeführt und gegen die reine Kausalforschung ausgespielt werden. Auch wenn die meisten
dieser Fälle heute noch nicht aufgeklärt sind, so läßt sich
doch für keinen der Beweis erbringen, daß die kausale
Erklärung prinzipiell nicht möglich wäre. Ein zweckmäßiges
Prinzip könnte nur dann diese Vorgänge erklären, wenn seine
Existenz einwandfrei feststünde. Statt dessen ist die übliche
Schlußfolgerung umgekehrt, d. h. es wird aus dem Umstand,
daß diese Vorgänge noch nicht erklärt sind, auf die Existenz
eines zweckmäßigen Prinzips geschlossen. So ist aber das
Zweckmäßige in keiner Weise imstande, irgendeine Erklärung dieses Geschehens zu geben. Es sind alles nur Über-
bleibsel der alten teleologischen Naturansicht von ARISTO-

TELES, die selbst eine Reminiszenz der antropomorphistischen Denkweise des naiven Menschen ist, der die Natur mit Nymphen und Dryaden bevölkerte. Die zwecktätige Vernunft im Sinne ARISTOTELES ist durch die von GALILEI inaugurierte kausale Forschung im Reich des Anorganischen endgültig beseitigt; nur hier im Reich des Organischen fristet sie noch ein epigonenhaftes Leben. Wenn wir uns auf die erkenntnistheoretischen und methodologischen Grundlagen der Naturwissenschaften besinnen, dann läßt sich aber in überzeugender Weise zeigen, daß mit anderen Methoden als mit der der generalisierenden und exakten Induktion (also ohne die Kategorie der Kausalität) sich überhaupt keine Erkenntnis und somit auch keine Wissenschaft von der Natur gewinnen läßt. Es gibt hier nur gesetzmäßige oder kausale Erkenntnis im weitesten Sinn und kann nur sie geben. Die Aufzeigung einer Zweckmäßigkeit zeigt immer nur ein Problem an, gibt aber noch keine Problemlösung.

Trotzdem so der in der Naturwissenschaft als Fremdling zu betrachtende Zweckbegriff als konstitutives Glied aus der Naturforschung eliminiert werden muß und eliminiert wird, kommt ihm doch gerade im Reiche des Organischen in anderer Hinsicht eine nicht gering einzuschätzende Bedeutung zu. KANT war es, der auch hier als erster entscheidende Gesichtspunkte zur richtigen Klarlegung des Teleologiegedankens für die Naturwissenschaften, speziell für die Biologie, gebracht hat. „Ein Ding seiner inneren Form halber als Naturzweck beurteilen, ist etwas ganz anderes, als die Existenz dieses Dinges für Naturzweck halten[1]." Mit diesem Satz kündet KANT eine neue Lösung

---

[1] KANT: Kritik der Urteilskraft. 4. Aufl. Ausgabe der philosoph. Bibl. Meiner. Leipzig. S. 265.

an. Die Existenz der Dinge als Naturzwecke anzusprechen, wie das ARISTOTELES getan hat und heute teleologisierende Biologen noch tun, das geht, wie KANT schon gezeigt hat, nicht an. Dagegen gibt uns die Beurteilung eines Dinges als Naturzweck ein methodologisch wertvolles Prinzip an die Hand, um überhaupt der kausalen Forschung auf diesen komplexen dunklen Gebieten Anhaltspunkte zum Eindringen in die Probleme zu geben. Überall dort, wo Zweckmäßigkeit, wo Ganzheitsbeziehungen im Organischen uns entgegentreten, liegen ungelöste Probleme des biologischen Geschehens vor und die Aufweisung der Ganzheitsbeziehungen, der Zweckmäßigkeit ermöglicht die erste kausale Verknüpfung von Teilen mit dem Ganzen. Denn überall dort, wo man bei einem Lebensvorgang, einer Lebenserscheinung einen Zweck derselben für den Organismus aufzeigt, erweist man zugleich diesen Vorgang als die Ursache des angenommenen Zweckes. Daher hebt die Zweckbeurteilung in diesem Sinne nicht die Kausalforschung auf, sie ermöglicht vielmehr direkt ihr weiteres Fortschreiten.

Wir haben schon besprochen, daß die Erkenntnis und Erfahrung einen Gegenstand niemals erschöpft, daß immer ein unbekanntes X, ein Problemrest als weitere Aufgabe der Wissenschaft übrigbleibt. Erkenntnis ist Progreß, „ewige Aufgabe". „In diesem Sinne ist der Erfahrungsgegenstand in seiner Ganzheit niemals ‚gegeben‘, sondern bloß der Wissenschaft als ihr Problem ‚aufgegeben‘." Indem nun aber die Erkenntnis den Gegenstand in seiner Ganzheit antizipiert, weist sie der Forschung die weitere Richtung. Sie wird — und somit wird der Zweck, der Ganzheitsbegriff zur methodischen Regel für das weitere Fortschreiten der Erkenntnis, er wird mit KANT zum regulativen Prinzip für die Forschung. Wohl geht die Forschung darauf aus, die konstitutiven Bedingungen, die besonderen Gesetze zu ermitteln, die dem biologischen Gegenstand zugrunde liegen. Aber gerade diese konstitutiven Bedingungen fehlen in ihrer Totalität, ja — es sind nur ganz wenige zunächst bekannt. Und hier bietet uns der Zweckbegriff als regulatives Prinzip den notwendigen Anhaltspunkt zur Ermittelung weiterer konstitutiver Bedingungen.

Die Zweckmäßigkeit oder Erhaltungsmäßigkeit ist ein wesentliches Charakteristikum des Lebens. Daher müssen auch die gesuchten besonderen Gesetze diesen Zweckmäßigkeitscharakter tragen, d. h. ihr bestimmender konstitutiver Wert kann auch nur darin beruhen, daß sie die Erhaltung des Lebens bewirken. Damit aber haben wir ein Kennzeichen, nach welchem wir sie suchen können. „Jene Gesetze müssen notwendig so beschaffen sein, als ob gleichsam ein Verstand — wenngleich nicht der unserige — sie zum Zweck der Erhaltung des Lebens gegeben hätte[1]." Die Zweckbetrachtung dient uns somit mit KANT als heuristisches Prinzip.

Dieses Prinzip wendet die biologische Forschung auf Schritt und Tritt, bewußt oder unbewußt bei ihrer Arbeit an. Sie fragt immer zuerst nach dem Zweck, nach der Bedeutung eines Organs, einer Funktion für das ganze Lebewesen oder für einen bestimmten Teilvorgang. Hat sie aber eine solche Zweckbeziehung erkannt, dann hat sie zugleich die betreffende Organfunktion als kausales Moment zur Erreichung dieses Zweckes nachgewiesen. Hier zeigt sich mit aller Deutlichkeit, wie die Frage nach der „relativen Zweckmäßigkeit" den Zweckbegriff auflöst, ihn durch kausale Momente ersetzt.

Auch hier möge ein Beispiel das klarmachen. Bei der Befruchtung der höheren, getrennt-geschlechtlichen Tiere

---

[1] HARTMANN, NICOLAI: Philosophische Grundfragen. S. 103/104.

und Pflanzen werden die Erbanlagen der beiden Eltern in dem befruchteten Ei zusammengemischt und die sich aus solchen Eiern entwickelnden Kinder erhalten daher eine Mischung der beiden elterlichen Erbanlagen. In dieser Keimplasmamischung erblickt man mit WEISMANN die Bedeutung (mit anderen Worten: den Zweck) der Befruchtung. Die große Mehrzahl der Biologen ist auch heute noch der Meinung, daß diese Keimplasmatheorie das Befruchtungsproblem erkläre, daß sie eine Befruchtungshypothese sei. Das ist aber keineswegs der Fall. Als solche müßte sie erklären, wieso eine Befruchtung und die Vorbereitungen, die die Organismen für sie treffen, zustande kommen. In Wirklichkeit sagt aber die Theorie nur darüber etwas aus, was durch die Befruchtung bewirkt wird, was auf sie folgt. Die Befruchtung wird nur als ein wichtiges kausales Moment für einen anderen fundamentalen Lebensvorgang, die Vererbung aufgezeigt. Die Keimplasmatheorie ist nur eine Vererbungstheorie, die vermeintliche Erklärung richtet sich nach der anderen Seite. Das Befruchtungsproblem, die Frage nach den kausalen Bedingungen der Befruchtung bleibt durch diese Theorie völlig unerklärt bestehen.

Aus der biologischen Literatur ließen sich Dutzende von Beispielen anführen, bei denen der Sachverhalt ein ähnlicher ist. Ein in Frage stehender Vorgang oder ein Organ wird als bedingendes Glied eines anderen übergeordneten Vorganges oder Organs, resp. des Gesamtorganismus erkannt und nun fälschlicherweise der erste Vorgang durch mehr oder minder verdeckte Zweckbegriffe als erklärt angenommen. Die betreffenden Autoren haben das richtige Gefühl, daß sie durch die Aufzeigung eines solchen Zusammenhanges die Erkenntnis gefördert haben, eine wirkliche Erklärung angebahnt haben, sie beziehen nur fälschlicherweise ihre

Erklärung auf das zeitlich Vorausgehende statt auf das Folgende, auf das untergeordnete, an sich noch ganz unerklärte, problematische Innenglied des funktionalen Zusammenhanges statt auf das durch das unbekannte Innenglied nun erklärte, übergeordnete Außenglied. So kommt es, daß in der biologischen Literatur unnötigerweise in großer Anzahl Zweckbegriffe von den meist nicht erkenntnistheoretisch geschulten Biologen mitgeschleppt werden, die schon längst durch die Forschung selbst in kausale Zusammenhänge aufgelöst sind. Aus der exakten anorganischen Naturforschung sind die teleologischen Begriffe, die vor Galilei auch hier vollkommen das Feld beherrscht hatten (man denke an die Lex continui, den Horror vacui usw.) — heute fast vollkommen verschwunden, und nur selten macht die exakte physikalische Forschung auch heute noch — wenn auch in versteckter Weise von teleologischen Begriffen heuristischen Gebrauch. Die biologische Forschung kann sie infolge ihrer unendlich komplizierten Systeme heute noch nicht entbehren. Doch ist auch hier nicht nur die Physiologie im engeren Sinne, die schon länger diesen Weg geht, sondern auch die moderne Entwicklungsmechanik und Vererbungslehre in planmäßiger exakter Forschung auf dem Wege, den die Physik schon seit Jahrhunderten gegangen ist, auf dem Wege der fortschreitenden Ersetzung teleologischer Antizipationen durch exakte Kausalbegriffe, wobei das teleologische Prinzip den Gang dieser Ersetzung selbst wiederum annähernd vorausbestimmbar macht.

3.

Unsere bisherigen Erörterungen haben uns gezeigt, daß die Zweckmäßigkeit kein konstitutives Prinzip für die biologischen Wissenschaften darstellt. Sie ist nur ein

regulatives oder heuristisches Prinzip, welches im weiteren
Fortschritt zur Erkenntnis von Kausalzusammenhängen
führt. Kausalität ist mithin auch im Organischen ebenso
wie in der Physik und Chemie die einzige Erkenntnis bedin-
gende Kategorie. All jenen vitalistischen Bestrebungen der
älteren und neueren Zeit, die Zweckbegriffe irgendwelcher
Art direkt als konstituierende Glieder wieder in die Ketten
der Kausalreihen einfügen wollen (die die Behauptung aufstellen, daß die große Lückenhaftigkeit der kausalen Zusammenhänge im organischen Geschehen nicht zeitlich noch
nicht Erkanntes, sondern wenigstens zum großen Teile
Unerkennbares darstelle, das mit den Methoden des mechanischen Denkens nicht beseitigt werden könne), und die
die Lücken nur durch ein zweckmäßiges und zwecktätiges
Agens glauben ausfüllen zu können, ist durch die bisherigen
Erörterungen ohne weiteres der Boden entzogen. Mit dieser
Art des Vitalismus (in der Jetztzeit ist er meist durch die
Psychovitalisten vertreten) brauchen wir uns daher hier
nicht weiter auseinanderzusetzen, zumal die bedeutendste
und logisch am konsequentesten durchgeführte vitalistische
Lehre der Gegenwart, der Vitalismus von HANS DRIESCH[1]),
von sich aus schon die Unhaltbarkeit dieser Art von Vitalismus aufgezeigt hat. Mit letzterem, als dem einzig ernst zu
nehmenden Vitalismus der neueren Biologie, müssen wir
uns jedoch noch eingehender befassen.

Der DRIESCHsche Vitalismus vermeidet die beiden Fehler
der übrigen vitalistischen Bestrebungen, indem er einmal
logischerweise jedes Eingreifen irgendwelcher vitaler Faktoren in den Mechanismus der Kausalität selbst ausschaltet
und andererseits der mechanistischen Forschung die weit-

---

[1]) DRIESCH, H.: Philosophie des Organischen. 1. Aufl. Leipzig 1909.
Daselbst weitere Literaturangaben.

gehendste Betätigung offen läßt. DRIESCH verwendet an Stelle des Zweckbegriffes den Begriff der „Ganzheit" und stellt im Organischen zwei mögliche Typen des Werdens auf, von denen dem Mechanisten nur der erste, dem Vitalisten auch der zweite zur Verfügung stehe. „Einzelheitsfolge—Verknüpfung nennt er die ‚Kausalität' des mechanistischen Werdens, bei dem es möglich ist, alle Einzelheiten einer räumlichen Veränderung stückweise auf die Einzelheiten eines anderen Wertes im Raum zu beziehen. Von Ganzheits- oder Einheitsfolge—Verknüpfung spricht er, wenn bei einer Veränderung eine solche Vermehrung des Mannigfaltigkeitsgrades stattfindet, daß eine stückweise Beziehung der räumlichen Einzelheiten der Wirkung auf räumliche Einzelheiten der Ursache nicht möglich, daß also nicht-räumliche Wertebestimmer vorausgesetzt werden" können[1]). Die Sondergesetzlichkeit des Lebens besteht nach DRIESCH darin, daß die nicht-räumlichen Wertebestimmer, die er mit dem aristotelischen Ausdruck Entelechien bezeichnet, das materielle Geschehen ohne Verletzung der beiden energetischen Hauptsätze so regeln, daß die Vorgänge nicht beliebig, sondern ganzheitsherstellend oder erhaltend verlaufen.

Mit dieser logischen Rechtfertigung der Möglichkeit des Vitalismus ist seine Notwendigkeit natürlich nicht nachgewiesen. Gegen eine solche Formulierung des Vitalismus, der die kausale Forschung in keiner Weise hindert und nur für das auch von uns anerkannte und hervorgehobene, stets

---

[1]) Zitiert nach UNGERER: Die Teleologie Kants und ihre Bedeutung für die Logik der Biologie. Berlin 1922. S. 110. Das Buch gibt eine vorzügliche Darstellung des Teleologiegedankens von KANT sowie auch des DRIESCHschen Standpunktes. In dem hier abgedruckten Zitat ist nur das letzte Wort „müssen" durch das Wort „können" ersetzt.

vorhandene unbekannte X einen Naturfaktor, die Entelechie, einsetzt, wäre an sich nichts einzuwenden. Aber Driesch behauptet mehr. Er behauptet nicht nur, daß nicht-räumliche Wertebestimmer vorausgesetzt werden können, sondern daß sie vorausgesetzt werden müssen, und sucht an der Hand bestimmter biologischer Erscheinungen den empirischen Nachweis zu liefern, daß der Mechanismus für ihre Erklärung grundsätzlich versage. Er glaubt so direkt drei Beweise für die „Autonomie" des Lebens, für vitales Geschehen beigebracht zu haben. Diese Beweise sind jedoch keine Beweise, wie sich nicht allzu schwer in jedem einzelnen Falle nachweisen läßt.

Den ersten Beweis gründet Driesch auf die Analyse der Differenzierung „harmonisch äquipotentieller Systeme". Um klarzumachen, was er unter einem solchen System versteht, müssen wir etwas weiter ausholen. In einem sich entwickelnden Keim eines Organismus kommt jedem Teil eine bestimmte Aufgabe für die weitere Formbildung zu. So z. B. entsteht aus einer bestimmten Zellgruppe des Keimes unserer Wassermolche später der Darm, aus einer andern Rückenmark und Gehirn usw. Diese Rolle wird als „prospektive Bedeutung" bezeichnet. Bei vielen Tieren und Pflanzen ist nun andererseits durch Versuche gezeigt worden, daß isolierte Teilstücke junger Entwicklungsstadien, wie isolierte Zellen von jungen Seeigelkeimen, größere Teilungsstücke von Seeigellarven, Teile des Kiemenkorbs von Clavellina usw., die normalerweise zu einem Teil des betreffenden Organismus geworden wären, unter diesen Versuchsbedingungen wieder ganze, nur verkleinerte Wesen aus sich hervorgehen lassen. Die „prospektive Bedeutung" ist also nur ein kleiner Ausschnitt aus dem möglichen Schicksal dieser Bruchstücke, ihrer

„prospektiven Potenz". Derartige Entwicklungsstadien, deren Teilen, solange sie im Verband des Ganzen stehen, eine bestimmte prospektive Bedeutung zukommt, die aber, isoliert, dieselbe prospektive Potenz manifestieren, nennt DRIESCH harmonisch-äquipotentielle Systeme.

Es fragt sich nun, wie die Differenzierung, also die nach den drei Richtungen des Raumes typische Formenmannigfaltigkeit, trotz der Äquipotentialität zustande kommen kann. Alle bisherigen Analysen der inneren und äußeren Bedingungen der Entwicklung solcher Keime reichen zur Erklärung der ganzen Mannigfaltigkeit nicht aus. Hierin muß man DRIESCH unbedingt zustimmen. Weiterhin sucht aber DRIESCH auch die Unmöglichkeit einer chemischen Theorie der Formbildung nachzuweisen und meint, daß die Differenzierung nur verständlich wäre durch Voraussetzung einer nach den drei Richtungen des Raumes spezifisch gebauten Maschine. Einer solchen Maschine widerspräche aber die Formregulation der Teile. „Denn eine Maschine, wenn sie nach den drei Hauptrichtungen des Raumes typisch verschieden ausgebildet ist, kann nicht dieselbe bleiben, wenn man ihr Teile nimmt oder wenn man ihre Teile verlagert." „Daher kann keine Art von Maschine irgendwelcher Form und kann überhaupt keine Art von Kausalität, welche auf räumliche Konstellation begründet ist, die Grundlage der Differenzierung harmonisch-äquipotentieller Systeme sein[1])." Das Leben muß daher eigenen Gesetzen unterworfen sein; die Lebensvorgänge sind autonom, vitale Faktoren beherrschen es.

Hierzu ist folgendes zu bemerken: Der ganze Keim kann überhaupt nicht mit einer Maschine verglichen werden, und eine solche Annahme zeigt durchaus nicht die einzige Mög-

---

[1]) DRIESCH, H.: Ebenda. S. 142.

lichkeit an, nach der sich Formmannigfaltigkeit mechanistisch, d. h. physikalisch-chemisch, erklären läßt. Die
Voraussetzungen zu einem solchen Vergleich sind in den
biologischen Phänomenen gar nicht gegeben. Bei aller drei-
dimensionalen Differenzierung kann nicht der ganze Organismus eine geschlossene Maschinenstruktur besitzen.
Darin hat DRIESCH unbedingt recht. Aber ein harmonisch-
äquipotentielles System ist eben trotz seiner dreidimen-
sionalen Differenzierung nur möglich, weil potentiell jede
Zelle den ganzen physikalisch-chemischen Mechanismus,
der seine Differenzierung ermöglicht, enthält; und dies
übersieht DRIESCH. Ein solcher Mechanismus kann natürlich nur kolloid-chemischer Natur sein und sich nicht als
feste Konstruktion durch die ganze Zelle erstrecken. Unter
dieser Voraussetzung kann man sich sehr gut Möglichkeiten
ersinnen, auf Grund deren solche kolloidale Systeme sich
teilen, durch verschiedene In- und Umweltsfaktoren verschiedene Differenzierungen zunächst innerhalb der Zelle
erlangen, bei weiteren Teilungen immer mehr Ungleichheiten
entstehen lassen, die wiederum als Faktoren für Differenzierungen auftreten usw. Eine chemische oder richtiger
kolloid-chemische Theorie der Entwicklung, die den ge-
forderten Bedingungen entspräche, wäre also, das muß im
Gegensatz zu DRIESCH mit aller Schärfe betont werden,
durchaus denkbar und möglich. Allerdings darf eine solche
chemische Theorie nicht den primitiven, fast möchte man
sagen naiven Charakter aufweisen, wie DRIESCH ihn als die
einzig mögliche chemische Theorie gezeichnet hat. Es hat
aber keinen Sinn, heute diese Möglichkeiten im einzelnen
physikalisch-chemisch auszumalen, da wir über die Grundlagen eines kolloid-mechanistischen Zellsystems, als das
allein die Zelle aufgefaßt werden darf, nämlich über die

Gesetzmäßigkeiten, die den Aufbau, die Feinstruktur kolloidaler Substanzen bedingen und die das Verhalten verschiedener Kolloide zueinander beherrschen, so gut wie nichts wissen. Solche Bilder hätten somit nicht einmal als Arbeitshypothesen eine Bedeutung. Wir brauchen aber auch nicht einen solchen Mechanismus im einzelnen nachzuweisen. Nur die Denkmöglichkeit, nicht die Aufklärung und der wirkliche Nachweis eines solchen Mechanismus steht hier in Frage. Wir sind mit DRIESCH einer Meinung, daß die heutigen physikalisch-chemischen Wissenschaften nicht die Mittel besitzen, eine Erklärung des biologischen Entwicklungsgeschehens auch nur in groben Zügen hypothetisch geben zu können. Diese Anerkennung der Lücken unserer Erkenntnisse schließt aber nicht ein, daß sie prinzipiell nicht ausgefüllt werden können.

DRIESCH macht sich in dem begreiflichen Bestreben, heute schon zu abschließenden Vorstellungen über das Wesen des Lebens und speziell des Entwicklungsgeschehens zu kommen, den Beweis für die Autonomie des Lebens viel zu leicht, indem er einmal die Möglichkeit eines chemischen Mechanismus der Entwicklung nur in naivster Weise erwägt und andererseits durch den groben Vergleich mit einer „Maschine“ die Maschinentheorie des Lebens natürlich leicht ad absurdum führen kann. Wenn DRIESCH aber daraufhin erklärt, daß „überhaupt keine Art von Kausalität, welche auf räumliche Konstellation gegründet ist, die Grundlage der Differenzierung harmonisch-äquipotentieller Systeme sein kann“, so ist das eine unbewiesene und vermessene Behauptung, wie die oben zitierte von KRONER. Der erste Beweis für die Autonomie des Lebens ist eben kein Beweis, sondern eine Behauptung, die durch die weitere Forschung sehr wohl widerlegt werden kann.

In noch auffallenderer Weise ist das bei dem zweiten Beweise von DRIESCH der Fall, den er aus den Erscheinungen der Vererbung und der Eibildung ableitet. Alle Elemente des Eierstockes sind der Potenz nach gleich, da jedes Ei einen vollständigen Organismus aus sich hervorgehen lassen kann. DRIESCH meint, daß die Entwicklung eines Organismus nur dann ohne Rest physikalisch-chemisch erklärt werden könne, wenn eine komplizierte dreidimensionale Maschine im Ei vorhanden wäre, die den Organismus fabrizierte. Da nun aber alle Elemente des Eierstocks durch Teilung aus einer Urgeschlechtszelle hervorgehen, so kann in den Eiern keine komplizierte dreidimensionale Maschinerie vorhanden sein; denn eine solche kann sich nicht unzählige Male teilen und dabei ganz bleiben. Also auch hier Autonomie des Lebens, vitalistisches Geschehen.

Bei der Behandlung dieser Fragen zeigte DRIESCH von Anfang an ein merkwürdig geringes Verständnis für die in der neueren Biologie so erfolgreich sich auswirkenden Lehren und Hypothesen der Vererbung, und seine übergroße Skepsis hat ihn vollkommen den großen Wert der Hypothesen von WEISMANN, der Bemühungen BOVERIS um den Nachweis der Lokalisation der Erbfaktoren in den Chromosomen des Zellkerns, sowie des modernen Mendelismus verkennen lassen. Glücklicherweise hat sich die moderne experimentelle und cytologische Vererbungslehre durch diese Skepsis nicht beirren lassen, und heute kann die Grundvorstellung WEISMANNS von dem Vorhandensein diskreter, materieller Erbanlagen im Zellkern als völlig gesichert betrachtet werden. Besonders die Versuche der Schule MORGANS in Amerika an der Taufliege Drosophila haben in bewundernswerter Weise diese Lehren weiter ausgestaltet und ausgebaut und es ermöglicht, die Lokalisation von mehreren hundert Erbfaktoren in bestimmten Chromosomen, sogar aller Wahrscheinlichkeit nach in bestimmter linearer Anordnung festzulegen. Da die Chromosomen bei jeder Zellteilung sich teilen, so liegt hier der Mechanismus, der die Tatsachen der Vererbung bewirkt und erklärt, heute klar zutage. Daß dieser Mechanismus die Differenzierung und Formenmannigfaltigkeit bewirkt, kann heute als eine wohl begründete wissenschaftliche Tatsache gelten. Wie er das allerdings im Laufe der Entwicklung bewerkstelligt, darüber wissen wir heute noch nichts Sicheres trotz mannigfacher Versuche, diese Wirkung mit Hilfe von Enzymen und Hormonen usw. physikalisch-chemisch zu erklären.

Der Vitalismus könnte nun einwenden, daß dadurch das vitalistische Geschehen nicht ausgeschaltet, sondern nur von der Zelle auf die Chromosomen zurückverlegt sei. Bei diesen trete aber dasselbe unbegreifliche Problem, die Selbstteilung der Systeme, zutage, die mechanistisch nicht zu erklären sei. Daß die Selbstteilung derartiger Systeme jedoch durchaus keine vitalistische Annahme nötig macht, zeigen die Erscheinungen der Selbstteilungen flüssiger Krystalle und die Regulationen fester Krystalle. Somit kann der zweite Beweis von DRIESCH direkt durch die neuere empirische Forschung selbst als widerlegt gelten.

Auf den dritten Beweis von DRIESCH, den er auf die tierischen Handlungen gründet, brauchen wir in diesem Zusammenhange nicht einzugehen, weil wir schon an anderer Stelle die Möglichkeit der kausalen Aufklärung auch der Handlungen hervorgehoben haben und bei der Besprechung des Leib-Seele-Problems noch einmal auf diese Frage zu sprechen kommen. Nur noch einige grundsätzliche Bemerkungen seien zum Schluß angefügt.

3*

Zunächst sei darauf hingewiesen, daß die prinzipielle Voraussetzung, auf die die DRIESCHschen Beweise aufgebaut sind, falsch ist. Die ganzen Beweise von DRIESCH richten sich nämlich dagegen, daß die Organismen keine Maschinen seien; er bekämpft die „Maschinentheorie" des Lebens. Dadurch vindiziert er von vornherein dem Organismus Eigenschaften, wie sie grob gesprochen einer Maschine mit Hebeln und Schrauben zukommen, die ein Ingenieur zu bestimmten Zwecken ersonnen und erbaut hat und die nach allen drei Richtungen des Raumes vollkommen konstruktiv festgelegt ist. Wo gibt es aber einen Mechanisten von Bedeutung, der je so etwas von einem Organismus behauptet hätte? DRIESCH übersieht vollkommen den Unterschied zwischen einer starren Maschine und einem Mechanismus, der aus sich heraus auch nach Verlust eines Teiles sehr wohl wieder einen Mechanismus derselben geschlossenen Art darstellen kann. Denn nicht nur ein Organismus kann nach Verlust eines Teiles wieder zu einem typischen Ganzen werden, sondern auch anorganische Systeme. So regenerieren auch Krystalle nach Verlust von Teilen, und ein Planetensystem bleibt nach Absprengung eines Teiles ebenso ein geschlossener Mechanismus derselben typischen Art wie ein Atom nach Ablösung eines α-Teilchens. Mechanismen, die „Gestalten" sind im Sinne von WOLFGANG KÖHLER, zeigen eben Ganzheitscharakter. Nicht als eine starre Maschine betrachtet der „Mechanist" den Organismus und das vitale Geschehen, sondern als einen Mechanismus. Auch ein Atom, ein Krystall, ein Planetensystem, irgendein anorganisches System, welches es auch nur sei, ist niemals eine Maschine, sondern nur ein Mechanismus. Damit fallen die ganzen Beweise von DRIESCH gegen die durchgehende kausale „mechanistische" Bestimmung des Lebens von vornherein in sich zusammen. Er setzt etwas vom Mechanismus der Organismen voraus, was sein Begriff gar nicht enthält, und glaubt dann, einen Beweis für amechanistisches, vitales Geschehen erbracht zu haben, wenn er zeigt, daß eine Maschine mit Hebeln und Schrauben nicht teilbar ist, während ein Organismus, eine Zelle sich zu teilen vermag, ohne ihren Ganzheitscharakter zu verlieren.

Wohl hat DRIESCH recht gegenüber einem blinden, häufig anzutreffenden mechanistischen Dogmatismus, der so oft in der Aufklärung einer Teilursache eines Problems gleich die ganze Lösung erblickt. Wenn er hier mit allem Nachdruck auf die großen, ungelösten Probleme hinweist, kann man ihm nur zustimmen; und wir können sogar dem beipflichten, daß der biologische Gegenstand in seiner Ganzheit und Fülle überhaupt nicht vollkommen rationalisierbar, vollkommen durch die Kategorie der Kausalität erfaßt werden kann. Aber das Irrationale, das in jedem Gegenstand steckt, ist ja keine spezifische Eigenschaft des Organischen. Es findet sich, wie gezeigt wurde, in derselben Weise, wenn auch nicht so auffällig, im Anorganischen. Der Vitalismus setzt prinzipiell die Grenze der Erkenntnis an eine falsche Stelle, nämlich zwischen Organisches und Anorganisches, während sie in Wirklichkeit zwischen dem Rationalen und Irrationalen liegt. Er hat zwar, wenn auch dunkel und nicht scharf herausgearbeitet, das Gefühl für das Irrationale im Sein. Aber er sieht es nur im Organischen und zerreißt damit die Einheit der Natur. Auf der anderen Seite vermag er aber an neuen Erkenntnismöglichkeiten nicht das geringste zu bieten. Denn mit den „außerräumlichen Naturfaktoren", mit „Entelechien" und „Psychoiden" vermag der Naturforscher schlechterdings nichts anzufangen. Mit diesen Begriffen kann prinzipiell keine Erkenntnis erlangt werden, und so sind sie nicht nur für die Forschung von keinem Nutzen, sondern sie sind direkt eine Gefahr, weil sie vorgeben, Erkenntnis zu bieten und zu vermitteln, wo Erkenntnis teils noch nicht erarbeitet, teils überhaupt unmöglich ist. Und dadurch wird der Vitalismus, selbst in der vorsichtigeren Fassung von DRIESCH, der dem Mechanisten keine Beschränkung in der Forschung auferlegen will, zu einem Hemmnis der Forschung, indem er vorzeitig das Unauflösbare, Nicht-Rationalisierbare an eine Stelle verlegt, wo diese Schranke sich noch nicht findet, und dadurch der kausalen Forschung den Weg versperrt.

Diese Überlegungen führen uns dazu, den Vitalismus auch in der vorsichtigeren und logisch noch am meisten gerechtfertigten Fassung von DRIESCH abzulehnen. Begnügt er sich damit, die Entelechie als Grenzbegriff des Unerkannten und Unerkennbaren aufzufassen, dann fällt er mit der Auffassung des kritischen, besonnenen Mechanisten zusammen und ist überflüssig. Will er aber mehr sein — was auch bei DRIESCH der Fall ist —, behauptet er die Unauflösbarkeit des Physisch-Biologischen in kausales Geschehen und gibt er vor, durch Ersetzung des unerkannten X, des Problemrestes im Kausalnexus, durch Begriffe wie Entelechie wirkliche Naturerkenntnis zu vermitteln, so verläßt er die kritische Besinnung und wird genau so dogmatisch wie der verbohrte Materialismus und Mechanismus. Naturerkenntnis kann eben nur mit der Kategorie der Kausalität errungen werden; und es gibt keine anderen Methoden, Naturwissenschaft zu treiben, als die Methoden der generalisierenden und exakten Induktion, die Einzelfälle unter allgemeine Gesetzmäßigkeit bringen.

An dieser Stelle sei es gestattet, einen kleinen Exkurs über die Stellung KANTS zu dem Vitalismus-Mechanismus-Problem und die Bedeutung seines Teleologiewerkes einzuschalten. Trotzdem auch KANT in seinem Teleologiewerk den zuletzt erwähnten Standpunkt unzweideutig vertritt, ist keines seiner Werke wohl so verschiedenartig aufgefaßt, so vielfach mißverstanden worden; keines enthält wohl aber auch in sich selbst so viele direkte oder scheinbare Widersprüche wie die „Teleologie". Die tiefe Problematik, die das Leben darbietet, die Paradoxien und Antinomien, die uns darin entgegentreten, scheinen hier auf das Werk übergegangen. Vertreter des Vitalismus wie des Mechanismus nehmen — und zwar beide mit einem gewissen Recht — KANT als Vertreter und Anhänger ihres Standpunktes in Anspruch.

Die mehrdeutigen, ja widerspruchsvollen Ausführungen KANTS sind einerseits bedingt durch die geringen Kenntnisse der biologischen Wissenschaften seiner Zeit, die es unmöglich machten, gewissen Problemen gegenüber eine scharfe Formulierung zu gewinnen. Daher die vielfach vitalistisch lautenden Stellen, wie folgende bekannte und vielfach zitierte: „Es ist nämlich ganz gewiß, daß wir die organisierten Wesen und deren innere Möglichkeit nach bloß mechanischen Prinzipien der Natur nicht einmal zureichend kennenlernen, viel weniger uns erklären können, und zwar so gewiß, daß man dreist sagen kann, es ist für Menschen ungereimt, auch nur einen solchen Anschlag zu fassen oder zu hoffen, daß noch etwa einst ein NEWTON aufstehen könnte, der auch nur die Erzeugung eines Grashalms nach Naturgesetzen, die keine Absicht geordnet hat, begreiflich machen werde; sondern man muß diese Meinung den Menschen schlechterdings absprechen[1]." Mit seinem

---

[1] KANT: Kritik der Urteilskraft. S. 265.

feinen Spürsinn im Auffinden der Probleme, mit der Konsequenz seines Denkens im Verfolgen der Tragweite von Gedanken erkannte KANT aber andererseits die eigentlichen Zusammenhänge, ja die direkte Identität der konstituierenden Erkenntnisgrundlagen der Biologie mit denen der exakten Naturwissenschaften sowie auch die Bedeutung des Teleologiebegriffes als heuristisches regulatives Prinzip nicht nur für die Biologie, sondern für die Gesamtnatur. Und so kann es uns nicht wundernehmen, wenn er in direktem Anschluß an die eben zitierten vitalistisch anmutenden Worte fortfährt: „Daß dann aber auch in der Natur ein hinreichender Grund der Möglichkeit organisierter Wesen, ohne ihrer Erzeugung eine Absicht unterzulegen (also in bloßem Mechanismus derselben), gar nicht verborgen liegen könne, das wäre wiederum von uns vermessen geurteilt, denn woher wollten wir das wissen? Wahrscheinlichkeiten fallen hier ganz weg, wo es auf Urteile der reinen Vernunft ankommt."

Wenn man das Teleologiewerk KANTS in seiner Gesamttendenz betrachtet und auf sich wirken läßt und sich nicht einseitig an übertriebene Formulierungen von Einzelheiten klammert, dann erkennt man, daß es für KANT in erster Linie der allgemeine Gedanke der „formalen Zweckmäßigkeit" war, der ihm bei der Abfassung der ganzen Teleologie am Herzen lag, und daß ihm die sog. objektive wirkliche Zweckmäßigkeit der Organismen nur den willkommenen Ausgangspunkt dargeboten hat zur Ausführung und Begründung dieses großartigen Gedankens. Daß er dazu den unglückseligen Begriff der objektiven Zweckmäßigkeit gar nicht gebraucht hätte, daß dieser Begriff durch die Tatsächlichkeit der biologischen Phänomene gar nicht geboten ist, konnte er bei den geringen biologischen

Kenntnissen seiner Zeit natürlich nicht ahnen und noch weniger erkennen. Ja, es ist erstaunlich, daß er trotz dieser dogmatischen Bindung durch den wissenschaftlichen Zustand der Biologie seiner Zeit sich den Blick für den großen Hauptgedanken so frei gehalten hat, daß er den bloß regulativen Charakter des Prinzips daraus erkennen konnte, und daß er sogar die überaus kühne Idee von der Blutsverwandtschaft der Arten und Klassen und der Abstammung der komplexeren Arten von einfacheren, also die entwicklungsmäßige und dadurch teilweise mechanistische Entstehung der Arten schon 70 Jahre vor DARWIN konzipiert hatte. Trotz der vielfachen vitalistischen Wendungen in der Teleologie bin ich daher geneigt, mit STADLER, BRUNO BAUCH[1]) und anderen Philosophen und im Gegensatz zu DRIESCH und UNGERER[2]) KANT als einen Vertreter der Allgemeingültigkeit des Mechanismus auch im Biologischen in Anspruch zu nehmen.

Die Teleologie als Ganzes erscheint mir trotz der Mängel und Irrtümer im einzelnen immer wieder durch die Tiefe und Weite ihrer Gedanken als das größte und reifste Werk des großen Kritikers. Vielleicht tritt uns in keinem anderen Werke entgegen, wie die Gedanken KANTS immer wieder über seine eigenen Standpunkte und Formulierungen hinauswuchsen und sein philosophisches System als solches durchlöcherten und zerbrachen, wie das KANTsche Genie, der KANTsche Geist größer war als sein System. In diesem Jubeljahr der Wiederkehr seines 200. Geburtstages ist dem Genius KANT von der ganzen Kulturwelt gehuldigt worden. Die Philosophen wie die Vertreter der einzelnen Wissen-

---

[1]) STADLER, A.: Kants Teleologie. 2. Aufl. Berlin 1912. — BAUCH, B.: Immanuel Kant. 3. Aufl. Berlin-Leipzig 1923.

[2]) UNGERER: Ebenda. S. 107.

schaften haben ihm ihre Verehrung und ihren Dank zum
Ausdruck gebracht. Ich wollte es nicht versäumen, bei
der heutigen Gelegenheit auch der großen Leistungen
KANTS für die Grundlegung der Biologie dankbar zu ge-
denken, Leistungen, die in ihrer ganzen Tragweite weder
von der zünftigen Philosophie noch von der Biologie voll
ausgeschöpft sind.

4.

Nach dieser Einschaltung wenden wir uns nun dem
dritten Problem, der Leib-Seele-Frage, zu, die wir jedoch
in diesem Zusammenhange nur noch in aller Kürze behandeln können[1]). Hier treffen wir auf die größte Problematik,
die das Leben bietet, auf eine unauflösbare Antinomie.
Wir haben bei den bisherigen Erörterungen schon mehr-
fach darauf hingewiesen, daß jeder Versuch vom Psychischen, Seelischen her die physischen Vorgänge des
Lebens erklären zu wollen, verfehlt ist. Ebenso verfehlt
ist aber auch jeder Versuch, das Seelische von den Prinzipien des physischen Lebens aus erklären zu wollen. Jeder
Versuch muß fehlschlagen, weil uns das Bewußtsein als
solches von ganz anderer Seite auf Grund anderer Vorgänge bekannt ist. „Das Bewußtsein kann nur introspektiv
in sich selbst betrachtet werden[2]).“ Es ist unmöglich,
in diese Innerlichkeit von außen her zu gelangen. Es ist
zugleich Betrachtendes und Objekt seiner Betrachtung.

---

[1]) Wir müssen uns hier begnügen, ohne eingehendere Begründung
nur unsern Standpunkt zu dem psycho-physischen Problem kurz
darzulegen. Derselbe deckt sich mit dem der Marburger Schule, wie
ihn vor allem P. NATORP so energisch herausgearbeitet hat. Besonders sei hier auf die Ausführungen von NICOLAI HARTMANN in
seinen „Philosophischen Grundfragen der Biologie“ und vor allem
in seiner „Metaphysik der Erkenntnis“ hingewiesen.

[2]) HARTMANN, NICOLAI: Philosophische Grundfragen. S. 157.

Und der Betrachtende kann unmittelbar nur sein eigenes
Bewußtsein zum Gegenstand der Betrachtung machen.
Nur durch Analogie können wir auf Bewußtseinsvorgänge
bei unseren Mitmenschen schließen. Was für Bewußtseinsvorgänge unsere Mitmenschen erleben, wissen wir
nicht. Wir können nur aus der Gleichartigkeit der äußeren
Manifestationen unserer Bewußtseinsvorgänge mit denen
der Mitmenschen das Vorhandensein gleichgearteter Bewußtseinsvorgänge annehmen. Und in gleicher Weise
schließen wir durch Analogie auch auf Bewußtseinsvorgänge bei Tieren, von denen wir uns aber um so weniger
irgendeine Vorstellung machen können, je weiter sie in
ihrer Organisation von uns entfernt sind. Jener Zweig der
Biologie, die Tierpsychologie, die vorgibt, das Seelenleben
der Tiere zu erforschen, ist dazu schlechterdings nicht imstande, weil ihr alles methodische Rüstzeug zu einer solchen Psychologie fehlt. Was diese Psychologie erforscht,
ist, soweit sie ernsthafte Wissenschaft treibt, kein Seelenleben der Tiere, sondern Physiologie der Sinne und des
Nervensystems. Sie bedient sich dabei nur der zweckmäßig psychischen Begriffe als heuristisches Prinzip, um
überhaupt Ansätze zur kausalen Forschung zu gewinnen.

Und doch besteht ein enger Zusammenhang zwischen
dem Forschungsgebiet der Biologie und dem Bewußtsein, und
die Probleme, die uns dabei entgegentreten, lassen sich
nicht umgehen. Nicht nur ist der Mensch ein einheitliches
Wesen, in dem diese beiden getrennten Welten in dauern-
dem Konnex stehen. Es kann wohl auch nicht geleugnet
werden, „daß die höheren Tiere etwas unserem Bewußtsein Ähnliches besitzen, wie immer verschieden es auch
von diesem sein mag[1]“. Allein schon die Tatsache der

---

[1] HARTMANN, NICOLAI: Philosophische Grundfragen. S. 158.

Deszendenz läßt uns um diese letztere Annahme nicht herum-
kommen. Derselbe Analogieschluß, der uns bei unseren
Mitmenschen Bewußtseinsvorgänge vermuten läßt, ist auch
für die Tiere statthaft. Denn die Manifestationen dieser
vermuteten Bewußtseinsvorgänge sind von denen beim
Menschen nicht der Art und Weise nach, sondern nur
graduell verschieden. Und doch ist es schlechterdings un-
begreifbar, „wie ein Prozeß als Körpervorgang beginnen
und als seelischer Vorgang enden kann, oder umgekehrt[1]“.
Die Annahme einer Wechselwirkung zwischen Physischem
und Psychischem, die dem natürlichen Denken als das
Natürlichste erscheint, hält keiner kritischen Prüfung stand.
Es läßt sich nun einmal nie verstehen, „wie ein leiblich-
physischer Vorgang einen Bewußtseinsvorgang sollte her-
vorrufen können, der zwar als ‚Vorgang‘ immer noch das
Moment des zeitlichen Ablaufes mit ihm gemeinsam hat,
dessen Inhalt aber weder räumlich noch zeitlich ist[2]“.
Und ebenso ist es umgekehrt. Es bleiben immer zwei
parallel laufende, sich wechselseitig entsprechende, aber
niemals schneidende Reihen von Vorgängen, die physischen
in Sinnesorganen und Nervensystem und die psychischen
im Bewußtsein, die trotz der genauesten Beziehungen zueinander ewig getrennt nebeneinander bestehen, wie es die
Theorie des psycho-physischen Parallelismus annimmt.

Es ist für die Biologie als Naturwissenschaft wichtig,
sich mit aller Deutlichkeit klarzumachen, daß diese Grenze
zwischen Physiologie und Psychologie, zwischen physio-
logischer und psychologischer Forschung trotz der innigen
Beziehungen, die durch die Einheit des psycho-physischen
Wesens der Organismen gegeben sind, nicht eine relative,

---

[1] HARTMANN, NICOLAI: Metaphysik der Erkenntnis. S. 322.
[2] HARTMANN, NICOLAI: Metaphysik der Erkenntnis. S. 320.

sondern eine absolute, unübersteigliche ist. Vergleichende Sinnesphysiologie und Tierpsychologie, die experimentelle Psychophysik der menschlichen Psychologie[1]), sie treiben alle keine echte Psychologie, sondern nur Physiologie, die infolge der komplexen ungeklärten Kausalzusammenhänge mit psychisch zweckmäßigen Begriffen beschwert ist, die aber beim weiteren Fortschreiten der Erkenntnis eliminiert werden. Es ist wie ein Reden mit zweierlei Sprachen, das aber doch nur dem Begreifen eines einzigen Sachverhaltes dient. Und dieser Sachverhalt ist immer nur der physische.

Trotz dieser methodisch festzuhaltenden absoluten Problemscheide wird natürlich die durchgehende und übergreifende Problembeziehung der beiden Gebiete nicht aufgehoben. In der Einheit des Menschen, in der Einheit von Leib-Seele, die einmal zum Wesen des Menschen gehört, ist dieses Übergreifen begründet, und die Theorie des psycho-physischen Parallelismus kann somit keine zutreffende Theorie des psycho-physischen Problemes sein, sondern uns nur als methodische Richtschnur dienen. Die psycho-physische Einheit des Menschen ist als Phänomen des Seins schlechthin gegeben. Es kann auch nicht geleugnet werden, daß ganz bestimmte Abhängigkeiten zwischen physischen und psychischen einerseits und zwischen psychischen und physischen Vorgängen andererseits bestehen. „Wichtig ist dagegen nur, daß man sich der Tatsache bewußt bleibe, daß die Zusammenhänge und Abhängigkeiten,

---

[1]) Von der experimentellen, menschlichen Psychologie gilt das nur bedingt, da sie in der Assoziationspsychologie auch Teile enthält und wissenschaftlich bearbeitet, die innerhalb des Bewußtseins bleiben und daher echte Psychologie sind. Die neueren Bemühungen um eine reine Psychologie (SPRANGER, W. STERN usw.) stehen zu unserm Standpunkt nicht im Widerspruch.

um die es sich hier handelt, ungeachtet ihrer phänomenalen
Gegebenheit doch tief rätselhaft und unverstanden bleiben,
und daß eben die Tatsache des psycho-physischen Wesens
im Menschen eine durchaus metaphysische irrationale Tatsache ist[1])." Das Irrationale tritt uns hier in seiner größten und tiefsten Verankerung entgegen.

5.

Wie schon einleitend erwähnt, herrschen in der neueren
Philosophie vielfach Strömungen, die biologische Gedan-
kengänge, biologische Prinzipien zur Begründung philo-
sophischer Standpunkte der Erkenntnistheorie wie der
Metaphysik heranziehen, ja die ganze Erkenntnis, die ganze
Weltanschauung letzten Endes auf biologische Prinzipien
gründen wollen. Auf Grund der bisherigen Erörterungen wollen wir uns nun mit diesen Bestrebungen aus-
einandersetzen. Zunächst ist auffallend und kennzeich-
nend, daß verschiedene dieser biologischen Philosophien
philosophisch ganz extremste Standpunkte vertreten und
sich selbst aufs heftigste bekämpfen. Der Pragmatismus
der neuen englischen und amerikanischen Philosophie,
der Positivismus MACHS und VAIHINGERS sind ebenso
biologistisch fundiert wie die idealistische Mystik eines
HENRI BERGSON, die jene positivistischen Philosophien
energisch ablehnt.

Allen diesen Richtungen ist aber gemeinsam, daß sie
die logischen Grundlagen der Erkenntnis ablehnen und sich
direkt auf biologische oder psychologische Momente zur
Begründung ihrer Erkenntnis berufen. „Als wahr gilt,
was sich als nützlich, als förderlich für die Tendenzen des
Lebens erwiesen hat", „wahr sei das, was erfolgreich

---

[1]) HARTMANN, NICOLAI: Metaphysik der Erkenntnis. S. 322.

wirke", sagt der Pragmatist SCHILLER, und nach MACH und VAIHINGER sind die wissenschaftlichen Erkenntnisse nur Fiktionen, deren sich das Denken nur aus ökonomischen Gründen, also aus Nutzen für den Organismus, bedient.

An zwei verschiedenen philosophischen Erscheinungen — VAIHINGERS vielgenannter „Philosophie des Als-Ob" und BERGSONS „Schöpferische Entwicklung" — wollen wir diese biologistische Philosophie noch etwas genauer schildern. Für die Philosophie VAIHINGERS[1]) ist die Grundkategorie das Leben. „Leben — nicht als Beschaulichkeit, nicht als Passivität oder Kontemplation — sondern als Handeln, Leisten, Schaffen, Erringen, Siegen. Der Mensch ist Drängen zur Tat, er ist Wille zur Macht[2])." Für die Erkenntnislehre dieser Philosophie bilden die Empfindungen den alleinigen Ausgangspunkt. Wahrheit, Richtigkeit kann es nach dieser Lehre nicht geben. Was wir Wahrheit nennen, fingiert, erdichtet nur das Denken, um die utilitaristisch-eudämonistischen Bedürfnisse des Lebens zu befriedigen. Es „fingiert einen solchen Bestand, es fingiert eine solche Ordnung", „daß es ihm auf Grund einer solchen Fiktion möglich wird, die Dinge zu meistern und in erfolgreicher Weise zu ihnen Stellung zu nehmen". „Es tut so, als ob sich die Dinge so verhielten, wie es für die praktische Lebensabsicht des Menschen am zuträglichsten ist[3])." Damit werden die Denkprozesse unter die Gesetze der Lebensvorgänge gestellt, sie sind abhängig von den rein utilitaristischen Bedürfnissen des Lebens.

---

[1]) VAIHINGER: Philosophie des Als-Ob. Leipzig. Verlag Meiner.
[2]) LIEBERT, A.: Das Problem der Geltung. Ergänzungshefte der Kant-Studien, Nr. 32. Berlin 1914. S. 63.
[3]) LIEBERT, A.: Ebenda. S. 67.

Nicht das Denken ist autonom, sondern das Leben und das praktische Handeln und Wollen hat die Herrschaft über das Denken.

Wäre diese Auffassung richtig, so wäre wirkliche Erkenntnis und somit alle Wissenschaft unmöglich. Zwar will dieser Positivismus das Faktum der Wissenschaft nicht preisgeben und glaubt dies gerade durch die Zurückführung der Denkprozesse auf die Prozesse der Lebensvorgänge tun zu können. Aber wenn er dies tut, dann erhebt er doch selbst wiederum den Anspruch, eine Theorie zu sein, die als Wahrheit gelten will. Somit können wir LIEBERT voll und ganz zustimmen, wenn er die Fiktionstheorie scharf ablehnt, indem er sagt: „Wie will man aber das Recht einer Theorie erhärten — und sei es auch nur das Recht als Fiktionstheorie — und den Gedanken der Theorie als Theorie festhalten, wenn man die Grundbegriffe, die alle Theorien tragen, als Fiktionen hinstellt? Schon der Akt dieses ‚Hinstellens‘ ist ein theoretischer, schon die Behauptung, etwas sei eine Theorie, ist eine theoretisch logische, deren Geltung als theoretisch-logische a priori gesetzt ist[1]).“ Die theoretisch-logische Begründung der Theorie soll aber hier mit einem Prinzip nicht der Logik, sondern einer Spezialwissenschaft, der Biologie, durchgeführt werden. Wie aber können Prinzipien einer Spezialwissenschaft wissenschaftliche Erkenntnis als solche begründen, Prinzipien von zudem höchst problematischer, in dieser Spezialwissenschaft selbst nicht genügend gesicherter, ja völlig umstrittener Geltung? Es ist ein Rückfall in eine rein anthropomorphistische Denkweise. Eine solche Auffassung führt zu einem völligen Skeptizismus und, konsequent zu Ende gedacht (wie dies allein der griechische Denker PROTAGORAS getan hat), zu einer völligen

---

[1]) LIEBERT, A.: Ebenda. S. 128.

Verneinung der Wahrheit und der Wissenschaft. Bruno Bauch hat die Konsequenz, zu der der Standpunkt des Positivismus führt, in treffender Weise folgendermaßen gekennzeichnet: „Es gäbe nur einen allgemeingültigen Satz, nämlich den, daß es außer dem Satz, es gäbe keine allgemein gültigen Sätze, in der Tat keine Sätze gäbe." „Hält sich der Positivismus auch selbst nur für richtig, dann ist er schon falsch, und er hebt sich auf, da es Richtigkeit für ihn nicht geben kann. Hält er sich selbst aber nicht für richtig, dann scheidet er auch selber aus der Diskussion aus. Ja, er darf sich selbst auch nicht für unrichtig erklären. Da diese Erklärung dann wieder richtig sein sollte. Es darf in ihm weder Richtigkeit noch Unrichtigkeit geben. Wie immer er sich wendet, so hebt er sich auf und darf sich auch nicht einmal so oder so wenden. In Fragen der Erkenntnis, der Wissenschaft, hätte er konsequenterweise stumm zu sein wie ein Fisch, und er braucht es auch nicht zu sein, da er Konsequenz nicht kennen kann. Daher gibt es für ihn weder ja noch nein, und es gibt sie beide wieder. Sinn wird Unsinn, Unsinn wird Sinn, was alles selber Unsinn ist[1]."

Eine völlig anders geartete Lebensphilosophie stellt die „Schöpferische Entwicklung", der Intuitivismus Henri Bergsons[2] dar. Während Pragmatisten und Positivisten sich noch auf den Verstand berufen, während sie eine Theorie geben wollen, auch wenn sie selbst durch ihre fiktive Grundlegung des Denkens eigentlich alle Theorie unmöglich machen, vermeidet Bergson einen solchen Kompromiß, indem er von vornherein jegliche intellektualistische Er-

---

[1] Bauch, B.: Philosophie der exakten Naturwissenschaften S. 245—246.

[2] Bergson, Henry: Schöpferische Entwicklung. Jena 1913.

kenntnis ablehnt und bekämpft. Die Hilfsmittel des Logos — Begriffe und Kategorien — sind ihm nur Zeichen und Symbole, durch die „die dürftige und kühle Logik, den Gegenstand zu ergreifen glaubt". Diese „Begriffshäute" können „nur eine künstliche Rekonstruktion des Objektes geben, von dem sie nur bestimmte allgemeine und gewissermaßen unindividuelle Ansichten symbolisieren können. Umsonst also würde man glauben, mit ihnen eine Wirklichkeit packen zu können, deren bloßen Schatten sie uns bieten". „Unser Denken ist in seiner rein logischen Form unfähig, das wahre Wesen des Lebens, den tiefen Sinn der Entwicklungsbewegung festzustellen[1])."

BERGSON will das Leben als Ganzes in seiner Ganzheit, die konkrete Einheit in ihrer Individualität begreifen. Das Leben ist ihm aber zugleich das Symbol der ganzen Welt. Ihm ist das Universum, die ganze Wirklichkeit ein Organismus, der nur ebenso wie das Leben als Individuum zu erfassen ist. Das tiefste Wesen des Lebens aber ist die „Lebensschwungkraft", der „élan vital". „Sie ist im Grunde ein Verlangen nach Schöpfung, sie kann nicht absolut schöpferisch sein, weil sie die Materie, d. h. die Umkehrung ihrer eigenen Bewegung vorfindet. Wohl aber bemächtigt sie sich dieser Materie, die reine Notwendigkeit ist, und trachtet danach, eine mögliche Summe von Indeterminiertheit und Freiheit in sie hineinzutragen[2])."

Die Erfassung dieser dynamischen Wirklichkeit, die unmittelbare Erkenntnis des „Absoluten", ist nur möglich durch das Zurückgehen auf das eigene Ich, die eigene Persönlichkeit, deren Wesen in dem Akte des Erlebens und der Intuition erschaut wird. „In diesem Akte vollzieht

---

[1]) BERGSON, H.: Schöpferische Entwicklung. S. 1.
[2]) BERGSON, H.: Ebenda. S. 255.

sich die einzig berechtigte Grundlegung und Sicherung der Metaphysik[1])."

Diese Philosophie löst die Probleme des Lebens spielend; die Zweckmäßigkeit des Organismus ist etwas Selbstverständliches, das keiner besonderen Erklärung mehr bedarf. Wie will sie aber ohne Verstand den Naturmechanismus, der doch durch und durch rational ist, verständlich machen? Hier bleibt BERGSON jegliche Antwort schuldig und er vermag nur nichtssagende geistreiche Gleichnisse anzuführen. So sagt er z. B., die Materie sei mit Geometrie beschwert oder er spricht von einer Ermüdungstendenz des Lebens usw.

Diese Gedanken BERGSONS sind keine Philosophie mehr, noch viel weniger Wissenschaft. Es ist reinste spekulative Mystik. Es ist dieselbe Geisteshaltung, wie sie vor 100 Jahren in der romantischen Philosophie schon einmal auftrat, in der Naturphilosophie eines SCHELLING. Von hier zu der Mystik der Theosophie eines RUDOLPH STEINER ist aber nur ein Schritt. Wissenschaft und Philosophie hätten eigentlich keinen Grund, diese Mystik ernst zu nehmen. Aber abgesehen davon, daß sie mit dem ganzen überredenden Zauber des französischen Esprit vorgetragen wird, wird das nebelhafte Schemen dieser Phisolophie noch ausstaffiert mit den schönsten Blüten der modernen empirischen biologischen Wissenschaft, so daß der Uneingeweihte leicht meinen könnte, hier werde ihm lauterste, reinste Wissenschaft vorgesetzt. Sie umnebelt den Verstand, indem sie ihm vorredet, seine schönsten reinsten, Erzeugnisse seien Stützen dieser Mystik. Der Logos, der reine Verstand, der seit den griechischen Denkern bis KANT und in die Neuzeit unbeirrt die Logik und die Probleme der Erkenntnis weiter

---

[1]) LIEBERT, A.: Ebenda. S. 80.

4*

entwickelt hat, und in dieser mehr als zweitausendjährigen Entwicklung noch keinen seiner wirklichen Bausteine hat abtragen müssen, vermag jedoch mit einer solchen Naturmystik nichts anzufangen. Alles, was sie zu bieten vermag, sind nur nebelhafte Bilder, die mit den Ergebnissen einer Einzelwissenschaft — der Biologie — umrahmt sind. Irgendein Erkenntniswert kommt aber derartigen Bildern nicht zu.

Unbehindert und unbeirrt von solchen biologistischen Strömungen der zeitgenössischen Philosophie geht die biologische Forschung auf Grund der oben erörterten sicheren philosophischen Grundlagen ihren Weg. Wir Naturforscher brauchen weder zu fürchten, daß unsere Ergebnisse und Bemühungen im Abgrund des Skeptizismus versinken, noch daß sie sich im Nebel der Mystik verflüchtigen. Allerdings müssen auch wir die Ansprüche der Naturwissenschaft beschränken und uns unsererseits von unerlaubten Übergriffen in der Wissenschaft verschlossene Gebiete fernhalten. Naturwissenschaft hat es nur mit dem rationalisierbaren, kausal erforschbaren Teil der Welt zu tun und wenn auch speziell die Biologie immer tendiert, in ihr verschlossene Gebiete, wie die Psychologie, überzugreifen und diese Übergriffe bei dem eigentümlichen Wesen der Biologie, bei ihrem Schweben zwischen diesen Gebieten unvermeidbar ist, so muß sich doch die Forschung in kritischer Besinnung dieser Grenzen, die ihr gezogen sind, stets bewußt bleiben, sie darf aus dem gelegentlichen methodologisch notwendigen Übergreifen keine Grenzverschiebungen machen.

Wenn die biologische Wissenschaft in diesem Geiste beharrt, dann muß sie zwar einerseits auf den stolzen Anspruch verzichten, den Mittelpunkt und die Grundlage großer Weltanschauungen bilden zu können. Auf der anderen Seite darf sie aber das befriedigende Gefühl hegen, daß durch ihre mühselige schlichte Arbeit nichts Erdichtetes, Hinfälliges geschaffen, sondern ewige wahre Erkenntnis gefördert wird, wenn auch — zu unserem Glück — die volle absolute Wahrheit des Erkennbaren niemals zu erreichen ist. Dem erkennbaren, rationalisierbaren Teil des Seins gilt unsere Arbeit und nur diesem. Das Irrationale müssen wir in Bescheidenheit hinnehmen. Es ist der Domäne der Wissenschaft völlig entrückt, in ihm haben andere Kulturgebiete, Metaphysik und Religion ihre Betätigung und ihren Grund. Vom Erkennbaren aber gilt das hoffnungsvolle Kantische Wort, mit dem wir schließen: „Ins Innere der Natur dringt Beobachtung und Zergliederung der Erscheinungen und man kann nicht wissen, wie weit diese in der Zeit führen werden."

Druck der Spamerschen Buchdruckerei in Leipzig.